高效人士的
问题解决术

[日]森秀明 著
(SHUMEI MORI)

陈昭蓉 译

图书在版编目（CIP）数据

　高效人士的问题解决术 /（日）森秀明著；陈昭蓉译 . -- 北京：北京联合出版公司，2019.5
　ISBN 978-7-5596-3144-2

Ⅰ . ①高… Ⅱ . ①森… ②陈… Ⅲ . ①成功心理—通俗读物 Ⅳ . ① B848.4-49

中国版本图书馆 CIP 数据核字 (2019) 第 066537 号

著作权合同登记号　图字：01-2019-2276
GAISHIKEI CONSULT · NO 3-STEP SHIKOJUTSU
by SHUMEI MORI
Copyright © 2015 SHUMEI MORI
Simplified Chinese translation copyright © 2019 by Beijing Standway Books Co., Ltd.
All rights reserved.
Original Japanese language edition published by Diamond, Inc.
Simplified Chinese translation rights arranged with Diamond, Inc. through BARDON-CHINESE MEDIA AGENCY.
本书中译本由时报文化出版企业股份有限公司授权。

高效人士的问题解决术

项目策划　斯坦威图书
作　　者　（日）森秀明
译　　者　陈昭蓉
责任编辑　牛炜征
策划编辑　李佳铌　肖　宇
封面设计　阿鬼设计

北京联合出版公司出版
（北京市西城区德外大街 83 号楼 9 层　100088）
天津中印联印务有限公司　新华书店经销
86 千字　880 毫米 ×1230 毫米　1/32　7 印张
2019 年 5 月第 1 版　2019 年 5 月第 1 次印刷
ISBN 978-7-5596-3144-2
定价：45.00 元

未经许可，不得以任何方式复制或抄袭本书部分或全部内容
版权所有，侵权必究
本书若有质量问题，请与本公司图书销售中心联系调换
纠错热线：010-82561793

前　言
你真的认为自己"想清楚了"吗？

"想说的话没办法好好说明……"

"觉得自己说得够清楚了，对方却还是听不懂……"

不少职场人士都有相同的烦恼。

在公司内部会议上发表意见、对客户作简报、向主管报告、派工作给下属、准备资料……要搞定这些职场上常见的场面，都需要向对方正确表达自己的想法。对于职场人士来说，"向对方正确表达自己的想法"是在日常工作中任何时候都少不了的重要技能。

那么，既然这么重要，为什么还会有这么多人为此烦恼？在我看来，根本原因在于"没有想清楚"。

"无法向对方正确表达自己的想法，其实是因为自己根本还没有想清楚。"

读者对我上一本书的反应，让我发现了上述这个问题。我上一本书《外资企管顾问制作资料的技巧》，是根据自己培育年轻咨询顾问的经验，写成的制作资料指南，受到许多读者喜爱。在公司担任管理阶层的读者，把它当成指导下属的教科书；在公司经常得准备资料的上班族，也从中学到说服他人的技巧。

读者给我许多反馈，我的客户也把《外资企管顾问制作资料的技巧》当成必读书籍，列为公司内部读书会的教科书，或当成资料制作相关研讨会、讲座的教材。

和读者接触多了，我才发现有很多人在开始制作资料之前并没有想清楚资料要写的内容（这是我栽培年轻咨询顾问时不曾碰到的问题）。

我不得不说，很多人无法提出有说服力的资料，其实是因为他们根本没有想清楚自己要说什么。即使觉得自己已经想过了，也只是按照自己的逻辑，并没有把想法整理得让对方也听得懂，所以写的资料对方也看不懂。这样花时间想，等于白想。

其实，这种问题不只出现在制作资料的时候，在前面我提到的各种工作场景中也有同样的问题。很多时候，工作成果不如预期，都是因为疏忽了"想清楚"的步骤。所以我把咨询顾问如何思考、如何回答企业客户丢来的难题，归纳整理为一般人也能运用的内容，写成这本书。

仔细想想，工作上解决问题需要采取的行动其实很简单：

步骤1：询问对方的需求和烦恼；
步骤2：思考如何解决对方的需求和烦恼；
步骤3：以有有说服力的方式，提出具体的解决方法；
步骤4：告诉对方具体的解决方法。

有时候只要做到步骤4就大功告成，有时候还得再回到步骤1，重新思考解决方法。不必我多说大家也知道，这个循环就是重复"活用对方提供的信息，转化为可以改变对方行为的信息，再以适当的方式告诉对方"。

说得简单一点，步骤2就相当于制作资料，前一个步骤，则相当于思考，所以必须仔细推敲构思。要是想得不够透彻，写成资料一样很难理解，无法触动人心，也无法说服对方。

对方无法理解自己想说的事，往往有三种原因。

原因1：没有好好"整理"对方说的话或发生的现象；
原因2：没有把事情"分解"成容易处理的大小；
原因3：没有通过"比较"，清楚呈现自己想告诉对方的意思。

反过来说，只要培养"整理""分解""比较"的技能，就能充满自信地面对任何工作上的难题。

其实，培养"整理""分解""比较"的能力，也就是在学习咨询顾问的思考方式。

经常有人问我："这个问题你会怎么解决？"换句话说，大家想知道解决问题的专家——咨询顾问平时是怎么思考的。

回顾我在外资咨询顾问公司时代忙碌的生活，当时我究竟是如何处里庞大的业务量，我发现，基本技能其实很简单。

工作所需的基本技能只有三种："整理""分解""比较"。

在工作中，经历过各种令人进退两难的困境，经过一次次的考验，才归结出这三种基本技能。现在，我已经习惯这三个步骤，在面对问题时，能够自然而然地按照这三个步骤思考和解决问题。

本书包含引言和五个章节。

在引言中，我将带领读者想一想，工作中需要什么样的思考方式。如果不培养工作中需要的思考技巧,就无法让对方了解自己的想法。只要确实执行"倾听""思考""书写""表达"的循环,工作质量也会大幅提升。

第一章要让读者了解,我们需要"整理""分解""比较"什么样的事实。我会列举出工作场合常见的简单实例,让大家看到正确掌握事实有多么重要。"整理""分解""比较"这些事实的技能,是思考的基础。

第二章将解释"整理"的技巧。每一家企业都有各自的策略,这些策略和结果之间有着密不可分的因果法则。我会以亚马逊书店的例子,让大家看到,运用"整理"的技巧,再复杂的商业模式,都可以非常简单、清楚地说明。

第三章会说明"分解"的技巧。乍看之下棘手的问题,只要经过"分解",划分成容易处理的大小,就能理出头绪。我会根据菲利普·科特勒(Philip Kotler)的营销理论,介绍实用的市场区分方法。

第四章探讨"比较"的技巧。"比较"的技巧在工作上威力无穷，通过"比较"，事物的差异就能一览无遗。只要分析差别，就可以清楚看到事物的核心，并传达给对方知道。我会以企业的十年业务计划为例，说明要如何提出一份能够打动经营者的计划。

第五章则是说明以简单的思考方式处理工作的诀窍。要得到过人的成果，一开始的行动非常重要，再通过"整理""分解""比较"的过程，达成目标、成功说服对方的概率也会更大。我将在这章中分享七大诀窍。

学会"整理""分解""比较"的简单思考术，碰到再复杂的问题，只要好好思考，一定能得到答案。请大家拿出自信，面对工作中的难题。衷心祝福各位成功、顺利！

森秀明

2015 年 10 月 1 日

目 录 CONTENTS

引言
意思无法传达，是因为你不懂思考

第 1 节　为什么我说的话，别人听不懂 __003

第 2 节　有效沟通的基础：整理、分解、比较 __009

第 3 节　倾听：理解对方话语的意思 __013

第 4 节　让"听、想、写、说"的循环更简单 __017

第 5 节　"听、想、写、说"的共同要素 __019

第 6 节　三步骤思考术，提升工作能力 __023

第一章
培养"整理""分解""比较"的简单思考术

第 7 节　所有工作都从"认识事实"开始 __027

第 8 节　只要三步骤，奠定所有工作的基础 __035

第 9 节　整理：掌握每一件"事实" __041

第 10 节　分解：没有遗漏、没有重复地划分事实 __047

第 11 节　比较：以同样的角度比较事实 __057

专栏：商业上的法则、案例、结果都是事实 __063

第二章
事实要如何"整理"

第 12 节　设定的问题，决定你整理事实的方式 __069

第 13 节　从企业实例来整理事实 __075

第 14 节　搜集信息和数据 __079

第 15 节　以亚马逊书店为例，试着整理事实 __085

专栏：分析架构或关键词并不能作为"事实" __094

第三章
通过"分解"，导出有效突破现状的策略

第 16 节　以营销理论实践"分解"方法 __111

第 17 节　通过分解，找出主要消费群体 __115

第 18 节　分析消费群体，锁定目标市场 __121

第 19 节　决定市场定位，让全球的爱好者赞不绝口 __125

第 20 节　从需求分析，设计不同的价位组合 __129

第 21 节　以数学分解，找出获益最大的模式 __135

专栏：分析架构是进行分解时的实用工具 __139

第四章
利用"比较",清楚表达主张

第 22 节 制作图表的目的就是进行"比较" — 155

第 23 节 就算整体看起来持续成长,也要探究个别情况 — 159

第 24 节 将事实并列比较,就能看出差异 — 165

第 25 节 经过比较,就能以一句话清楚表达主张 — 169

专栏:从法则、案例和结果,比较公司的现在和未来 — 173

第五章
利用三步骤思考术推动工作、解决问题

第 26 节 创造工作成果,第一步最重要 — 179

第 27 节 把每个"事实"写在笔记卡片上 — 183

第 28 节 搜集事实之后,进行排列、整理、分解、比较 — 187

第 29 节 将思考转化为发言和行动,工作成果会更好 — 191

第 30 节 思考的量比质更重要 — 195

第 31 节 重复整理、分解、比较,工作质量也会大幅提升 — 199

第 32 节 解读逻辑背后的情感和政治 — 205

引言
意思无法传达，
是因为你不懂思考

第 1 节
为什么我说的话，别人听不懂

前辈：你最近工作状况好像不太好，有什么烦恼吗？

后辈：工作不顺利……我觉得自己已经很努力了，却一直看不到成果。

前辈：你是说上次的会议，你提的方案没过那件事吗？

后辈：我觉得自己介绍得很好，可是大家好像没听懂，我也不知道问题出在哪儿……

前辈：应该是你的工作方式需要调整。你有试过"整理""分解""比较"这三项思考工具吗？这可是上班族的必备武器。

后辈："整理""分解""比较"？那是什么？

前辈：这是从事任何工作都会需要的三种重要技能。只要熟悉这三种技能，以后不管面对什么样子的对手和案子，你一定都能达到让大家满意的结果。

因为工作成果不佳,无法突破现状而发愁,和这位后辈有着相同烦恼的人,在其他方面应该也会碰到瓶颈,例如:

- 花了很多时间和精力,却得不到应有的成果。
- 觉得自己已经做得很完美了,旁人的评价却很低。
- 想说的话都说了,对方听完之后,也没有任何实际行动。

这些情况,追根究底,最后一定会发现同样的问题——你并没有说出对方想知道的内容。换句话说,你并没有回应对方的需求,所以对方当然不会认真听你说话。没有达到沟通的效果,不管做什么也不会有成果。

像这样的人,还有一些共同的特征:

- 总是单方面陈述自己的意见;
- 资料准备好之后就照本宣科;
- 不听对方说话。

你自己,或身边的人有没有这种情况?如果出现这种情况，其实都是因为"没想清楚"。无视对方的需求，只站在自己的立场思考，就要求对方接受自己的想法，完全不顾听者的感受。

不管从事任何行业、职业，沟通不良都会导致工作成果不佳，也一定会惹出麻烦。你必须尽快改善这种状况。

为了解决问题而进行的沟通，你如何"思考"将是关键。

不管你从事的是什么行业、职业，面对一项任务，你是如何思考，将影响最后的成果。工作成果不佳，都是因为"没想清楚"。所以，和对方沟通，或是开始制作资料之前，"思考"比什么都重要。

只要掌握正确的思考方式，就能清楚知道自己该采取什么行动。你可以找到正确的路，以最短距离抵达目标。

正确的思考方法，具体来说，就是我在前言提到的三个简单的步骤：整理、分解、比较。无法掌握对方的需求，说出对方想知道的内容，原因往往在于没有善用这三种技巧。

对方听不懂你想说的事，通常有三种原因：

1. 自以为正确掌握了事实和对方的需求；
2. 自以为正确划分了事实和对方的需求；
3. 自以为正确排列了事实和对方的需求，比较了差异。

关于原因1，"自以为正确掌握了事实和对方的需求"，换句话说，就是没做好"整理"。至于原因2，"自以为正确划分了事实和对方的需求"，就是没做好"分解"。原因3，"自以为正确排列了事实和对方的需求，比较了差异"则是没有做好"比较"。关于这三种技巧，我会在下一章说明详细内容。

培养符合逻辑的沟通技巧

要妥善传达对方想听的内容，必须先思考自己应该说什么。合乎逻辑又简单的思考方式必须活用整理、分解、比较的技巧。

懂得正确的思考方式，就能够掌握对方的需求，也能够清楚传达自己想说的话，"倾听"和"表达"的能力都会大幅提高。"倾听"和"表达"是沟通时最重要的武器，只要能提高这两种能力，不管面对什么样的人、处理什么样的案子，都能充满自信，顺利解决。

表0-1

为什么我说的话别人听不懂

不要把责任推到别人身上，找借口并不能改变什么

如果意思无法传达，工作成果也不会好	意思无法传达，有三种原因
"已经说得很清楚了，对方却听不懂……"	"自以为正确掌握了事实" ➡ 没做好"整理"
"花了时间和精力，却得不到应有的成果……"	"自以为正确划分了事实" ➡ 没做好"分解"
"觉得自己做得很完美了，得到的评价却不如预期。"	"自以为正确比较了差异" ➡ 没做好"比较"
"对方听完之后，也没有任何实际行动……"	三个关键词！

好处还不只这样。培养正确的思考方式之后，也能自然提升"倾听"和"表达"背后的"思考""书写"能力。需要活用整理、分解、比较的任务，往往牵涉到工作的四大要素——"倾听""思考""书写""说话"。

稳扎稳打的学习"架构"，而不是枝微末节的小技巧，才能够培养出可以面对任何问题的超强技巧。学会整理、分解、比较事实的思考方式之后，自然能提高工作效率、品质和精确度。

第 2 节
有效沟通的基础：整理、分解、比较

为什么善用"整理、分解、比较"的思考方式，能够提高所有工作的效率、质量和精确度？再进一步来了解我这么说的根据和具体的好处。

"双方谈话没有交集……"

"讨论的时候觉得已经达成共识了，实际上并没有……"

你和客户、主管、同事、下属沟通时，有没有碰过这样的问题？

小至个人之间的对话、大至企业之间的项目，工作中有各种大大小小、规模不等的事务，最终都脱离不了人与人之间的沟通。不管目的为何，不管对方是谁，成功的关键，就在于你和对方的沟通。

单向的发言只会妨碍沟通顺畅，倾听的重要性大家都知道，然而，在商业场合上，光是听别人说话，对方也不会满意，你总得表达意见。但如果你只说不听，同样行不通，对方不仅会不满意，还会对你留下"讲不通""说了也没用"的印象。

为了实现有效的沟通，必须和对方达成"共识"。要奠定有效沟通的基础，整理、分解、比较的架构是很有效的工具。

学习正确的方法，就能有效沟通

你在说明一件事的时候，大脑中进行着什么样的活动？请想象你可以透视大脑的活动。你会看到，你在不经意的情况下，整理、分解、比较写了许多事实的卡片，然后再告诉对方你理解的内容。

已经习惯这种思考方式的人，可以顺利而正确地执行整理、分解、比较的步骤，有条不紊地向对方说明。然而，还不习惯这种思考方式的人，思考的步骤很混乱，说出来的话也很难理解。

和你说话的人也一样。当你提问，对方回答的时候，同样会在大脑中整理、分解、比较相关的事实，再以容易理解的方式告诉你。

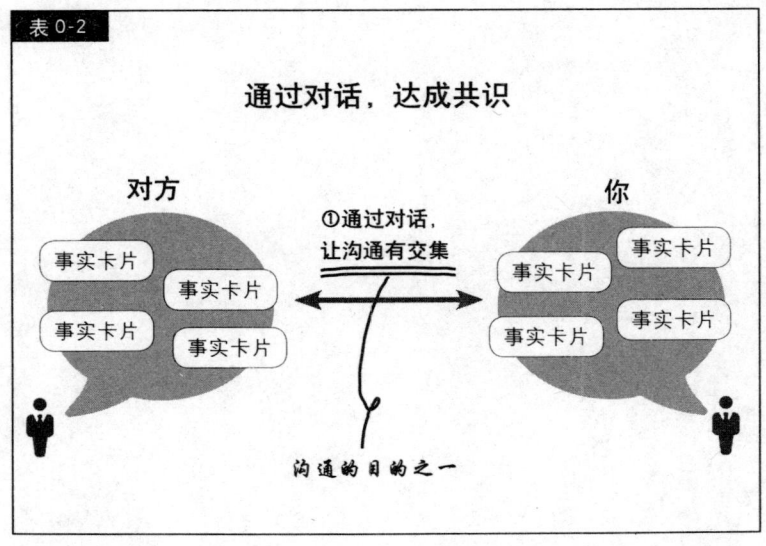

表0-2 通过对话，达成共识

当你和对方互相理解,也就是双方的沟通有交集的时候,代表你们选择和排列事实卡片的方式相同,如表 0-2。

有没有偏离主题(整理)、重点有没有遗漏或重复(分解)、比较的单位是否一致(比较)——只要做到这三点,沟通就会成立,奠定可以达成共识的基础。

沟通的第一步,首先,要和对方有交集。双方达成共识,才能往同样的方向前进。

第 3 节
倾听：理解对方话语的意思

现在还是有许多人误以为"沟通＝积极地说话"。

沟通的却少不了对话，但是，重要的是"对话"，而不是"某一方积极地说话"。

其实，只要想一想对话的"方向"，就知道两者的差别。对话是双向的；而单方面说话，只有一个方向。换句话说，另一方就只能一直听对方说话，这称不上是沟通。

那么，理想的沟通，应该如何取得平衡呢？

根据我的经验，和客户对话时，有八成的时间应该听对方说，两成的时间自己说。（这虽然是我身为企管顾问，在协助客户解决问题的过程中得到的体会，但在许多情况下应该也有效。）

许多人都会认为，积极提供话题、陈述意见，才是得到对方认同最好的方法。然而，在商业场合上，人的心理恰恰相反，几乎所有人都希望别人听自己说话、希望对方确实理解自己的意见。

因此，只要主动靠近对方，表现出"我想听你说话"的态度，对方也会敞开心扉，告诉你真正重要的事情。这才是人的心理。

没有输入，就没有输出

关键是，你必须清楚知道听对方说话的目的是什么。光是表现出愿意倾听、理解的态度，那也只是社会人士都应该具备的商业礼仪。我所说的"清楚知道听对方说话的目的"，是要从对方说的话中，推敲对方的需求，以达成更好的结果。

要提高工作的质量和成果，与其单方面陈述自己的想法和意见，不如把对方说的话当成情报，输入大脑，考量对方的需求之后，再提出自己的想法和意见，效率会更好。听对方说话，可以获得许多有价值的情报，这就是你设计提案或策划的线索。

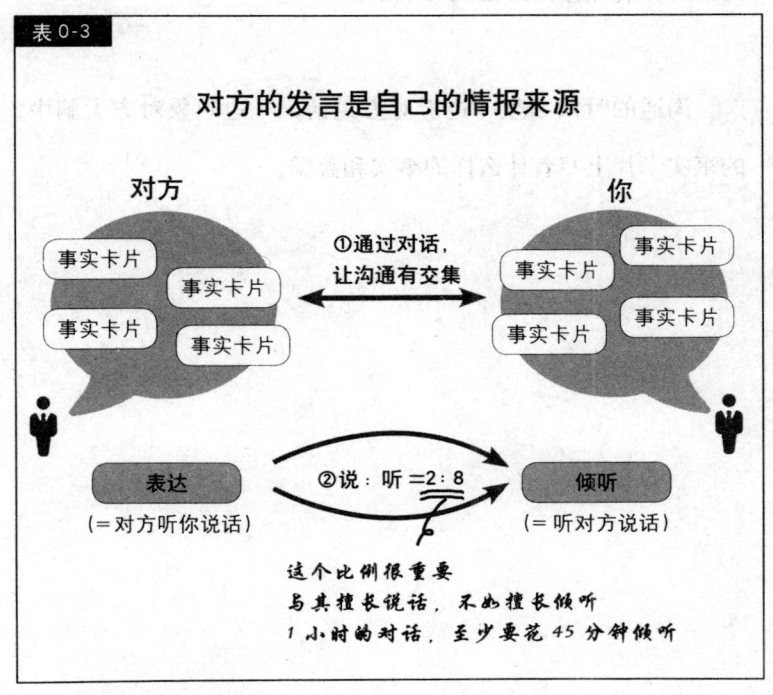

表0-3 对方的发言是自己的情报来源

为了以最短距离接近对方自己也还不明确的目标，需要输入许多情报。因此，最好的方式是尽量缩短自己说话的时间，让对方多表达意见。

很多时候，直到沟通结束之前，都还没有一定的答案。所以，一边听对方说话，一边思考"这个方法如何""那样或许行得通"，保持思考的弹性，随时修正提案，这是沟通的诀窍，能让你得到重大的成果。

沟通的时候必须一边听对方说话，一边想象对方大脑中的事实卡片上写着什么样的事实和数据。

第 4 节
让"听、想、写、说"的循环更简单

其实仔细想想,所有工作都不外乎四种活动——"听""想""写""说"。

具体来说,就是听对方说话;把情报输入大脑,仔细思考;以某种形式书写,制作资料;然后向对方报告,听取对方的反馈,重复这样的循环。换句话说,工作就是按部就班地进行"听""想""写""说"这四种活动的循环。

坊间有许多教导工作技巧的书,这些书说穿了,都是以这四种活动当中的其中一种为主题。例如,"让对方照你的意思行动的'倾听'技巧""让自己更积极行动的'思考'技巧""让对方一定会回信的电子邮件'书写'技巧""让对方信服的'表达'技巧"。

然而，这四种行动不能够分开来思考。工作时，必须让这四种活动的循环顺利运转，只要有一步卡住，工作就会停滞不前，无法得到理想的成果。

相反地，只要"听""想""写""说"的循环顺利运转，大部分的工作都能得到理想的成果，理由请看下一节。

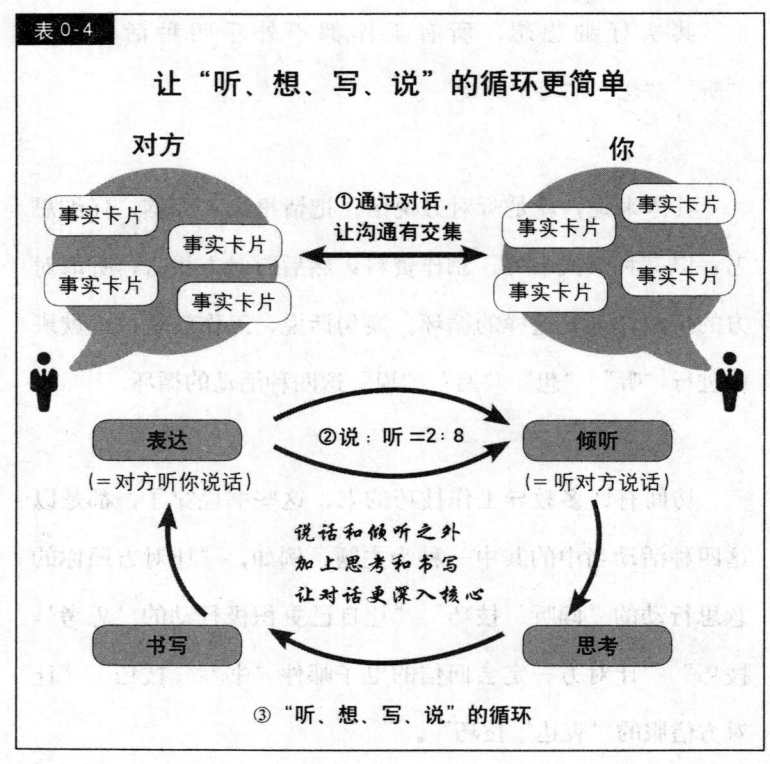

第 5 节
"听、想、写、说"的共同要素

只要工作的四种基本活动——"听""想""写""说"的循环顺利运转,工作的效率、质量、精确度都能够获得提升。

而这四种活动都需要针对事实进行"整理""分解""比较"。

在"倾听"阶段,即使对方话说得支离破碎,你也要辨识出当中的事实,一一写进自己想象的事实卡片,再进行整理、分解、比较,厘清谈话的主题和内容。这么一来,你就能在大脑中构思叙事的梗概,并进一步提问。

在"思考"阶段，首先，要把输入大脑的大量事实写下来，写下事实卡片（这个步骤我称之为"笔记"，我会在第五章详细说明），再把累积的事实卡片有系统地排列在纸张上（这个步骤我称之为"草稿"）。通过笔记、草稿，以及整理、分解、比较的步骤，慢慢就能够厘清思绪。

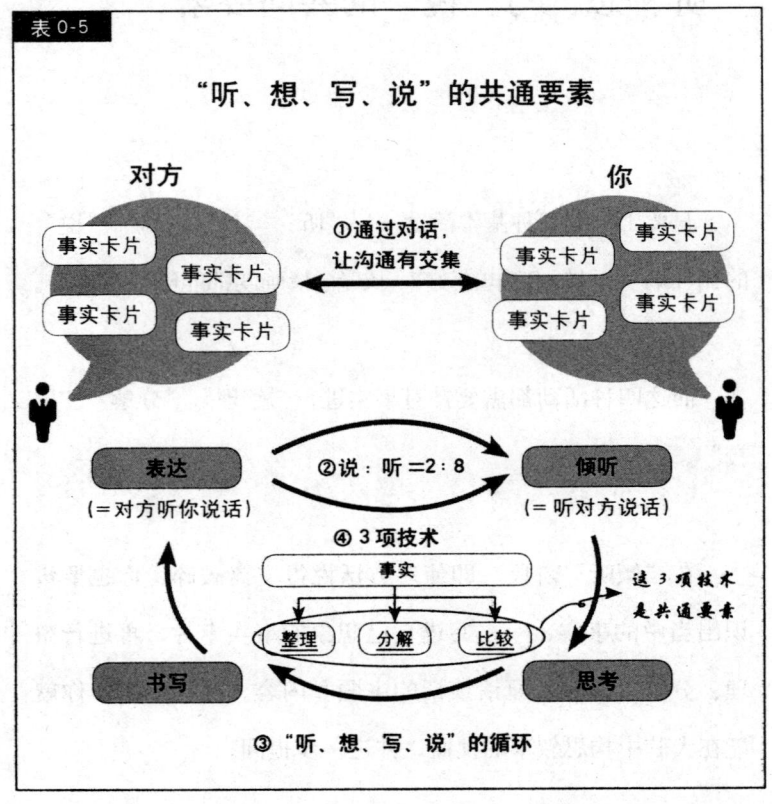

表 0-5 "听、想、写、说"的共通要素

在"书写"阶段，利用"思考"阶段写下的笔记和草稿，制作正式的资料。这时候，一样得重复整理、分解、比较的步骤，带着批判性的角度思考："这是真的吗？""概率有多大？""有没有遗漏什么？""有没有重复的地方？""是否自相矛盾？"再提笔制作正式的提案书或策划书。

在"表达"阶段，针对自己的主张，必须先在大脑中进行整理、分解、比较。通过这个步骤，你会更清楚知道自己要说明的内容，以及该如何说明，才能让对方更容易理解。

"倾听""思考""书写""表达"的基本要素就是整理、分解、比较，只要知道这一点，你可以思考得更透彻，工作成果也会更好。

第 6 节
三步骤思考术,提升工作能力

工作是由"倾听""思考""书写""表达"这四种基本活动组成,每一种活动并不需要特别的技巧,基本要诀都是一样的。

首先,要知道如何处理事实,知道如何整理、分解、比较。

只要学会正确的做法,倾听、思考、书写、表达的能力都能够提升。就像我之前说的,学会"整理""分解""比较"的思考方式之后,自然能够提高工作的效率、质量和精确度。

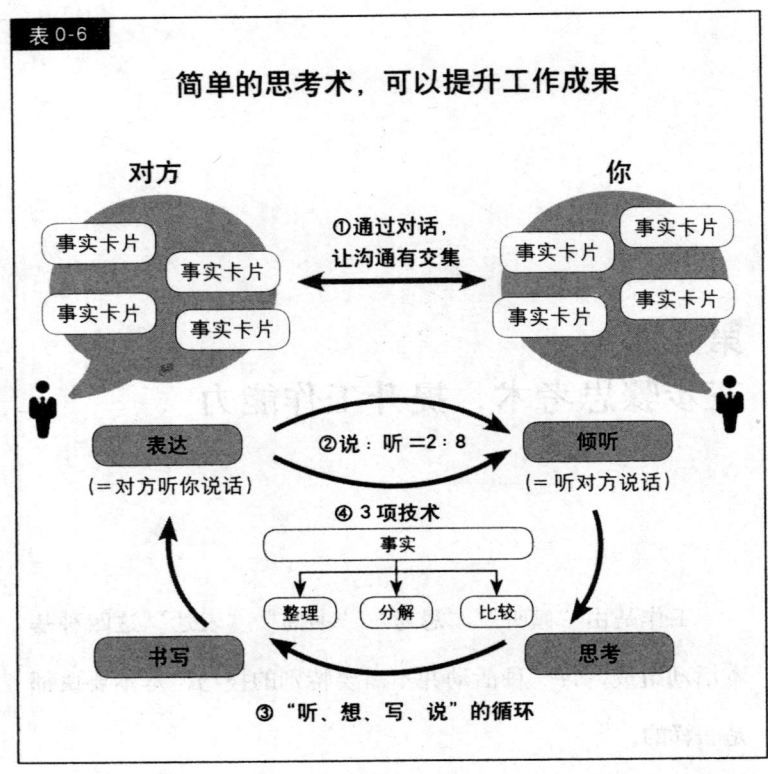

接下来,我将具体说明商业人士必备的思考方法,你将可以提升"倾听""思考""书写""表达"这些基本能力,培养沟通能力,改善工作水平。

第一章
培养"整理""分解""比较"的简单思考术

第 7 节
所有工作都从"认识事实"开始

要提升工作成果,良好的沟通很重要。那么,为了沟通顺畅,需要什么样的思考方法,又该如何培养呢?

这个问题的答案很清楚——从正确认识事实开始。

所有工作都从"认识事实"开始。不管是什么行业、职务、立场,逻辑思考的第一步都是"认识事实",这适用于每一个人。

如果对事实掌握不足,就无法进行逻辑思考,沟通便容易出问题。想要沟通顺畅,必须将事实正确传达给对方知道,同时也要确认自己掌握的事实和对方掌握的事实。

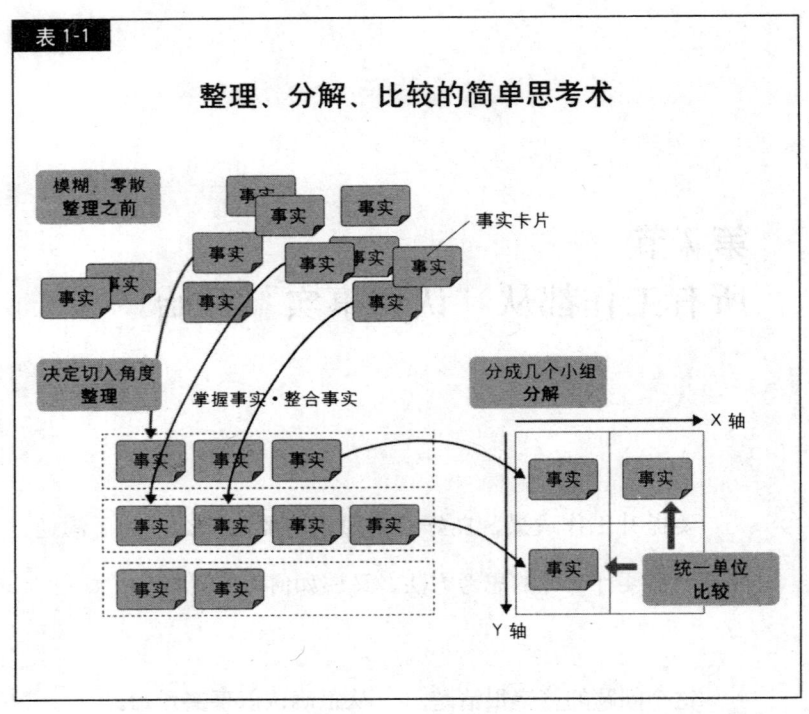

表1-1 整理、分解、比较的简单思考术

所以,关键就在于正确认识事实,以及正确传达事实。

传达事实需要的三种技术

事实是你根据目的选出来的法则、案例、信息和数据。

这些事实往往都是模糊、零散的状态。沟通时要把事实正确传达给对方，需要"整理""分解""比较"这三项技术。只要能活用这三项技术，沟通问题自然大减，也能够提升工作成果。

何谓"整理"？

整理就是"正确掌握每一件事实"。

把事实一件一件分开来，正确掌握每一件事实的规模和内容，这就是整理。我们来看看具体的例子。

在思考商品A的促销计划时，"在现有渠道，商品A的销售额已经面临瓶颈"这个问题是事实，"和B公司合办活动，招揽客户，提升产品知名度"这项计划也是事实，"总预算为300万日元"这个概算数字也是事实。

这些事实有大有小，举例来说，"商品A的促销计划"是一个事实，不过，这是"公司今后三年的事业策略"这个更大的事实的一部分。"商品A的促销计划"和"公司今后三年的事业策略"都是事实。

换句话说，就像在收拾房间里四处散乱的玩具，必须按照大小一一放进箱子里。面对许多模糊不清的事实，要整理，就必须抓出每一件事实。这就是事实和整理的关系。

此外，我们也可以把几个小事实整合起来，当成一个大事实来处理。

何谓"分解"？

分解就是"把大事实划分成小事实"。依据某种角度，把"事实"分成几个小组。

分解的反义词是整合。大事实可以分解成几个小事实；相反地，把这些小事实整合起来，可以还原成大事实。在事实的分解和整合之间，关系是可逆的。

举例来说，在思考"以社会人士为对象的新商品营销"时，从"总收入"的角度切入，就是一种分解的方法。按照"年收入未满500万日元""年收入500万以上、未满700万日元"

"年收入700万以上、未满1000万日元""年收入1000万日元以上"来区隔,任何对象都会归于其中一组,而且不会同时归于两组,这就是分解的法则。

在分解事实时,"没有遗漏、没有重复"是不二法则。

何谓"比较"?

比较是"把大小一样的信息放在一起比较"。也就是比较相同单位的事实。

举例来说,如果要比较A公司和B公司的获利情况这项事实,就要把"A公司的营业获利"和"B公司的营业获利"放在一起比较。

如果是比较"A公司的营业获利"和"B公司的最终获利",将无法得到正确的比较结果。关键在于,你拿来比较的事实,单位必须一样。

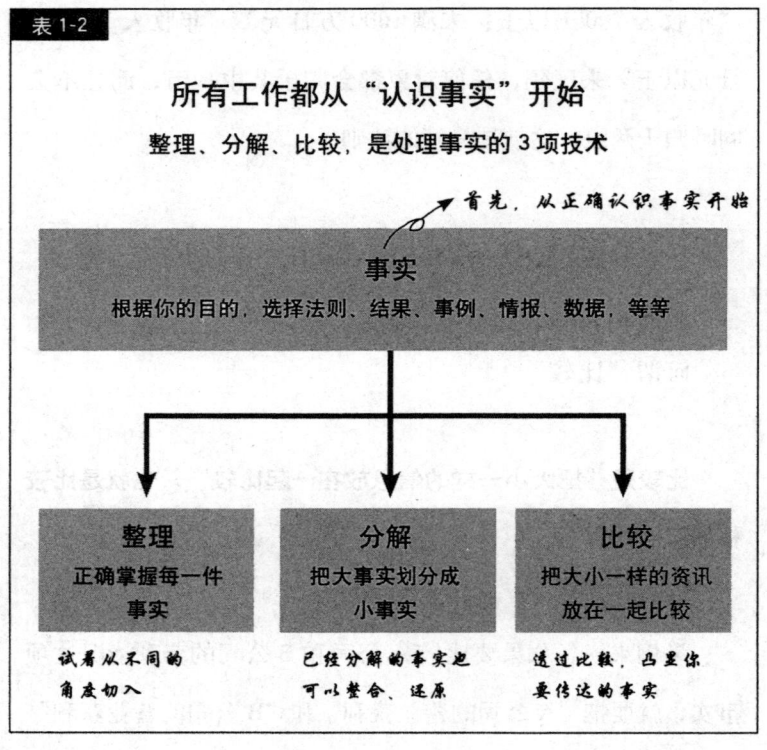

通过比较,两项事实之间的差距就能清楚地呈现出来。举例来说,A公司比较自家公司的销售情况:"现在的营业额"为1亿日元,"三年后的营业额目标"为3亿日元,两者之间有2亿日元的差距。这么一来,大家自然会去思考要如何填补这段差距,试着提出相关的计划和策略,例如推出新业务,或是把资源投入成长性的业务。这就是事实和比较的关系。

经过这样的说明，你现在应该能够了解，**所有工作都基于正确认识事实，以及整理、分解、比较这三项技术**。把原本散乱的事实一件一件地整理、分组，之后重新排列再进行比较，这几个步骤可以协助你导出新策略、计划、行动，让你更接近"答案"。

接下来，我们再深入探讨"事实"。

第 8 节
只要三步骤，奠定所有工作的基础

先看表 1-3。这张表简单画出事实和整理、分解、比较的结构与关联。

表的左半边是事实 A，右半边是事实 B。把事实 A 整理、分解之后，得到 A1、A2、A3。事实 A 是一个事实，从事实 A 划分成的 A1、A2、A3 也都是事实。同样地，事实 B 也能分解为 B1、B2、B3 三个事实。

接着，比较 A1 和 B1、A2 和 B2、A3 和 B3。别忘了，先决条件是 A1 和 B1、A2 和 B2、A3 和 B3 的单位要一样。

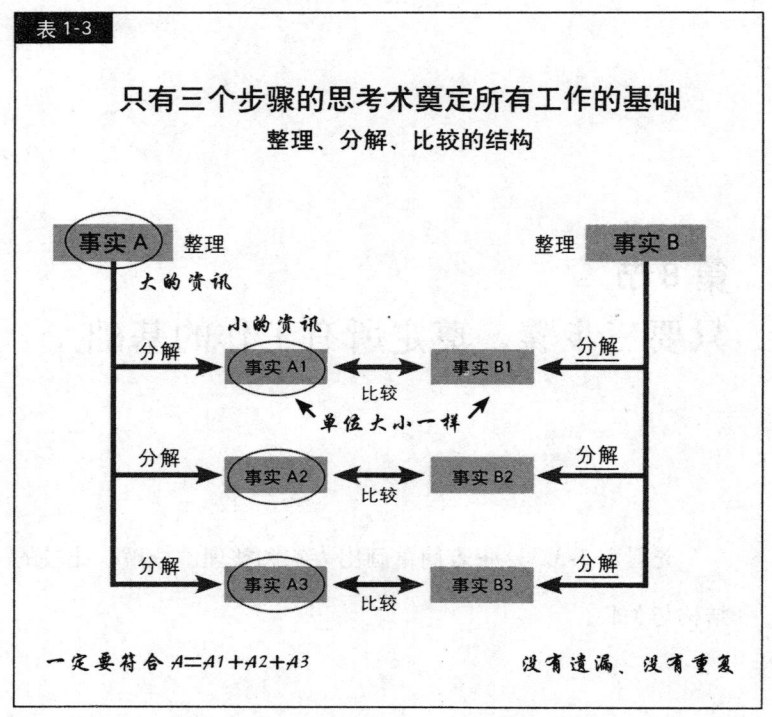

以上就是事实和整理、分解、比较的结构与关联。

根据这层关联,可以看出两个关键:

第一是关于事实 A 和事实 A1、A2、A3 之间的关系。刚才我已经说过,A1、A2、A3 是事实 A 经过整理、分解之后得到的结果。

如果我们把 A1、A2、A3 相加，一定可以还原成事实 A。写成算式的话，就是"事实 A ＝ 事实 A1 ＋ 事实 A2 ＋ 事实 A3"。如果这些分解而成的事实，加起来无法还原成事实 A，有任何遗漏之处，就代表分解做得不正确。

第二是分解的方法。分解的时候需要一个划分事实的主轴，如果没有正确的切入角度，就不可能得到正确的分解结果。分解的基本原则是"没有遗漏、没有重复"。

落实"没有遗漏、没有重复"

"没有遗漏、没有重复"是分解的基本原则，在企管顾问界，这称为"MECE"（Mutually Exclusice and Collectively Exhaustive）。

"没有遗漏、没有重复"的概念可以协助我们，把整理好的事实依据有意义的主轴，有效地分解，之后才能够正确进行比较。

一直以来，许多企管学者和企管顾问提出各种思考架构，以作为思考的工具。这些思考架构新旧流派为数众多，其实都遵循"没有遗漏、没有重复"的概念。

举例来说，营销的基本架构"4P"，就是遵循"没有遗漏、没有重复"概念的典型范例。

我们在思考营销方法时，必须组合产品（Product）、价格（Price）、促销（Promotion）、渠道（Place）这四个要素，这就是所谓的"4P"。具体来说，必须从这些观点思考：

- 产品有让顾客愿意付钱购买的价值吗？
- 价格能让顾客接受吗？
- 广告宣传和促销方式会让顾客想购买产品吗？
- 渠道能适时把产品展现给顾客吗？

销售方的能力和环境条件也得一并思考，在"4P"之间取得平衡，制订营销策略。

将营销策略分解成四个要素，没有遗漏，也没有重复。

再举一个例子。"SWOT 分析"是分析环境、推导策略的有效分析架构，同样也是遵循"没有遗漏、没有重复"的概念进行分解。

"SWOT 分析"可以用于许多情况，从企业拟订策略，到个人处理工作，都能派上用场。

具体来说，"SWOT 分析"是从优点（Strengths）、弱点（Weaknesses）、机会（Opportunities）、威胁（Treats）的观点，分解企业（或个人）身处的环境，找出自己的长处和问题、助力和阻力。以这四种组合思考自己应该采取什么行动：

- 优势 × 机会 = 积极攻击
- 优势 × 威胁 = 差异化
- 弱点 × 机会 = 加强弱点
- 弱点 × 威胁 = 防卫

"SWOT 分析"的分解方式同样没有遗漏，也没有重复。

第 9 节
整理：掌握每一件"事实"

做任何工作，都要先正确认识事实，再运用整理、分解、比较的技术。只要做到这些，几乎可以处理所有的工作。正确认识事实之后，才能够自由地发挥整理、分解、比较这三项技术。

以下就用一个具体范例来说明，你就会了解这个道理。

只靠三条规则，就让会议大不相同

我的上一本作品《外商顾问超强资料制作术》强调，一份有说服力的资料，必须包含"证据""主张""论证"这三项要素。请看表 1-4。

我担任企管顾问的一家企业,"制定了三条会议规则,让开会变得更有效率"——这个事实就是证据。

所以说,"只靠三条规则,就让会议大不相同"——这是主张。

因为这三条规则"消除难以发言的气氛,形成自由开放的场合,让对方可以畅所欲言"——这是论证。

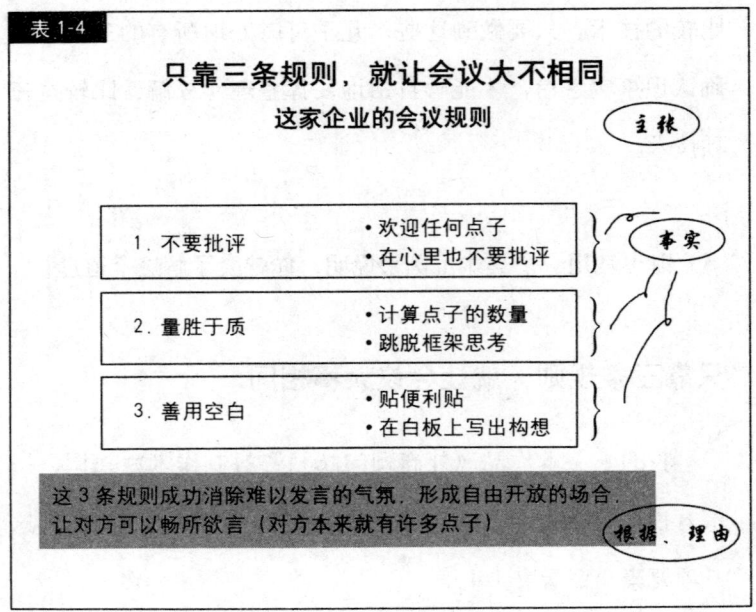

表 1-4

这三条规则可以统整为一个大事实,也就是"这家企业的会议规则"。来看看它的内容:

- 规则①——不要批评;
- 规则②——量胜于质;
- 规则③——善用空白。

这三条会议规则,分别以小事例说明:"不要批评"代表"欢迎大家提出任何想法""在心里也不要批评"。

"量胜于质"代表"计算提出多少想法""跳脱框架思考"。

"善用空白"代表"贴便利贴""把想法写在白板上"。

在表 1-4 中,"只靠三条规则,就让会议大不相同"这个"主张"底下是规则的具体事例,也就是"证据"。

至于表下方"消除难以发言的气氛,形成自由开放的场面,让对方可以畅所欲言"的部分就相当于"论证"。

想要表达的主张、具体的事例，以及认为"消弭难以发言的气氛，形成自由开放的场面，让对方可以畅所欲言"的想法都是事实。最后一句"对方本来就有许多点子"相当于"论证"，这也是事实。

换句话说，事实有大有小，把几个小事实整合起来，就可以当成一个大事实来处理。

正确认识每一件事实，再整合成容易处理的大小，就算整理完毕。

一言难尽的时候，就将事实分组

不管是任何工作，都可能会有多种见解和想法，也常常有新的点子随机出现。原本想用一句话来描述每一件事实，却觉得很难做到。也就是说，要了解每一项信息的重要程度，整合成容易处理的大小，顺利解决问题，其实并不容易。

不过，即使没办法简单用一句话来描述每一件事实，我们可以将事实分组，以更大的单位，掌握每一组事实。只要能从每一组事实中看出主要的主张，就能掌握更大的事实。

即使是广泛的问题或格局很大的问题，只要我们耐住性子、看清事实，依序处理每一组事实，不管面对什么样的困境，都能迎刃而解。

第 10 节
分解：没有遗漏、没有重复地划分事实

我身为企管顾问，截至目前为止，已经看过超过十万页的资料。

有一些资料是正中红心，但也有一些是问题重重。从"回应对方"的角度看来，制作资料或与人沟通都一样。一份有问题、让人看了也摸不清头绪的资料，就像对话不成立的沟通一样，都是因为出自以自我为中心的逻辑。

有些人制作的策划书总是能赢得对方的青睐，他们究竟有什么好方法？

我就以"跟营销达人学习制作策划书"为例,来说明"分解"这个主题——没有遗漏、没有重复地划分事实。

跟营销达人学习制作策划书

想写出一份好的策划书,有三大关键。

请看表 1-5,左边圈起来的"走访现场""试做实验""公开共享"就是写出一份好的策划书的三大要点。也就是说,我把"制作策划书的要点"这个大事实,分解为"走访现场""试做实验""公开共享"三个小事实。

表的右边则说明每个要点所代表的具体行动:

"走访现场"代表"在销售现场寻找可能会热销的点子"。
"试做实验"代表"先做出模型,建立共同的目标"。
"公开共享"代表"共享策划书草稿,轻松汇集意见"。

下方再列出进一步探讨的事例:

"在销售现场寻找可能会热销的点子"包括"自己设计问卷，询问消费者的意见""累积在现场得到的第一手数据"。

"先做出模型，建立共同的目标"包括"具体想象'要是有这种东西多好'""制作模型，摄影，刊登产品照片"。

"共享策划书草稿，轻松汇集意见"则包括"以视觉呈现产品的设计和使用情景""充分利用空档和休息时间"。

这些也都是事实。策划书达人在制作策划书时会依据这三个要点展开行动。

总结来说，这张图表传达了"跟营销达人学习制作策划书"这个大事实，其中包含三个要点："走访现场""试做实验""公开共享"。依据这三大要点展开行动，正是达人的做法。

乍看之下，分解好像很简单，但是，能不能正确分解，对工作成果影响很大。

表 1-5

制作策划书必须走访现场、以模型测试、倾听他人的意见
跟营销达人学习制作策划书

制作策划书的要点

走访现场 ……
在销售现场寻找可能会热销的点子
- 自己设计问卷，询问消费者的意见
- 累积在现场得到的第一手数据

试做实验 ……
先做出模型，建立共同的目标
- 具体想象"要是有这种东西多好"
- 制作模型，摄影，刊登产品照片

公开共享 ……
共享策划书草稿，轻松汇集意见
- 以视觉呈现产品的设计和使用情景
- 充分利用空档和休息时间

制作策划书需要的行动

参考：《会通过的策划书就差在这里》，《日本经济新闻》

只要习惯"整理""分解""比较"的三步骤思考术，不管是什么样的问题都能轻易地分解。

但是，在还不熟悉的时候，整理、分解、比较的经验还不足够，看到表 1-5 的分解结果，很容易以为这很简单，自己也想得出来，但这只不过是"自以为懂了"，并非真的了解。

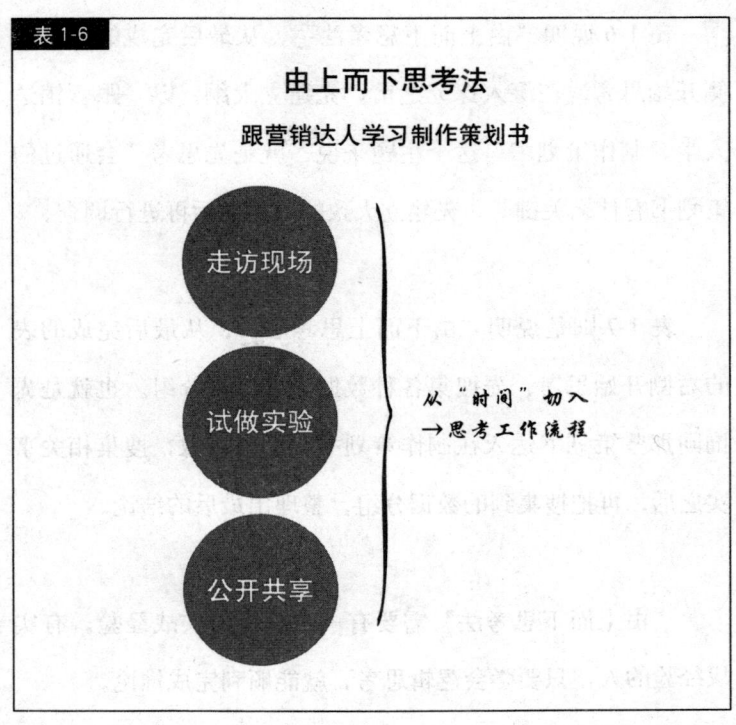

那么，究竟要如何进行分解呢？

两种思考方式："由上而下"和"由下而上"

要画出像表 1-5 这样的表有两种方法，简单来说，就是"由上而下思考法"和"由下而上思考法"。

表 1-6 说明"由上而下思考法"，从最后完成的表的左侧开始思考，在深入探究之前，先建立大纲。以"跟营销达人学习制作策划书"这个主题来说，就是先思考"会通过的策划书有什么关键"，先建立大致的假说之后再进行调查。

表 1-7 则是说明"由下而上思考法"，从最后完成的表的右侧开始思考，先搜集各种数据，之后再分组。也就是先询问那些策划书达人在制作策划书时都怎么做，搜集相关事实之后，再把搜集到的数据分组，整理出最后的结论。

"由上而下思考法"需要有一定程度的实战经验。有实战经验的人，只要学会逻辑思考，就能顺利完成推论。

表 1-7

由下而上思考法

跟营销达人学习制作策划书

列出工作内容
↓
分成 3 组
加上标题

{
- **在销售现场寻找可能会热销的点子**
  - 自己设计问卷，询问消费者的意见
  - 累积在现场得到的第一手数据

- **先做出模型，建立共同的目标**
  - 具体想象"要是有这种东西多好"
  - 制作模型，摄影，刊登产品照片

- **共享策划书草稿，轻松汇集意见**
  - 以视觉呈现产品的设计和使用情景
  - 充分利用空档和休息时间
}

另一方面，"由上而下思考法"就适合年轻上班族，就算还不习惯逻辑思考，也很容易执行。举例来说，访谈的时候，不管对方说什么，都逐字逐句地记下来，等对方都说完了，再来思考："他说的重点是什么？"这种方法虽然耗时，但最后成果的误差也比较小，这是"由上而下思考法"的优点。

如果是"由上而下思考法"，访谈时当然也会把对方说的重点记下来，但不是对方说什么就记什么，而是在访谈之前就先思考"重点可能是什么",先建立大致的假说之后再进行访谈。听对方说话的时候,也会一边在心里确认"这就是重点",一边进行访谈。

主管会指示新人:"开会时,不管对方说什么,全部都记下来。"就是因为新人还不习惯"由上而下思考法"。如果逻辑思考做得不正确,即使想尝试"由上而下思考法",也会偏离重点。

明明听到同样内容,会议结束之后向有经验的前辈请教,才发现彼此认定的重点完全不一样。

反过来说,只要持续地做"由下而上思考法",努力累积经验,就能培养出直觉,自然而然学会"由上而下思考法"。

此外,学会"由上而下思考法"之后,感受到自己原先建立的假说和对方说的话之间的差距,可以让沟通更精准。

如果有遗漏或重复，逻辑就不通了

"跟营销达人学习制作策划书"可以根据"由上而下思考法"，也可以根据"由下而上思考法"，不管采用哪一种方法，都得注意让内容没有遗漏，也没有重复。

表1-5左边和右边的事实集合已经整理、分解得没有遗漏，也没有重复。如果有遗漏或重复，逻辑就不通了。

不管是采用"由上而下思考法"或"由下而上思考法"，得到的结论都一样，所以只要选择自己擅长的方法就可以。不过，**一定要遵守基本原则，从正确的角度搜集、整理事实，分解得没有遗漏，也没有重复，这样才能找到正确答案。**

第 11 节
比较：以同样的角度比较事实

"整理"、"分解"和"比较"是商业沟通的三个主要技术。

"整理"是把散落各处、大小不一的事实汇整在一起。

"分解"则是依据某种角度将事实分组，没有遗漏，也没有重复。

接下来，我要说明最后的"比较"。

我准备了一个例子。表1-8和表1-9是三位职场达人说服主管的方法。这三位达人分别来自玩具公司TAKARA

TOMY、电信公司 NTT 和电子公司 TDK，三个人都顺利说服了主管，不过采用的步骤和方法各不相同。

只要像这样把事实并列，就能立刻看出差异，这是"比较"最大的特征。来看看具体的例子。

比较三位职场达人说服主管的方法

向三位职场达人请教说服主管的方法，发现他们各有独特的想法。我们先整理访谈得到的事实。

TAKARA TOMY 的员工提到"顾客最后为什么决定购买""站在顾客的角度，发挥强大说服力"。

NTT 的员工则提到"平时多留意和董事之间的沟通与共识""投入销售工作""总经理说：既然你这么坚持，那就试试看吧"。

TDK的员工则提到"从经营目标的观点""得到销售人员的认可""主管说:你都这么说了,我能不答应吗"。

这些做法可以分解为五大类:"公司的未来""董事的沟通""销售的现场""顾客的故事""建立信任"。

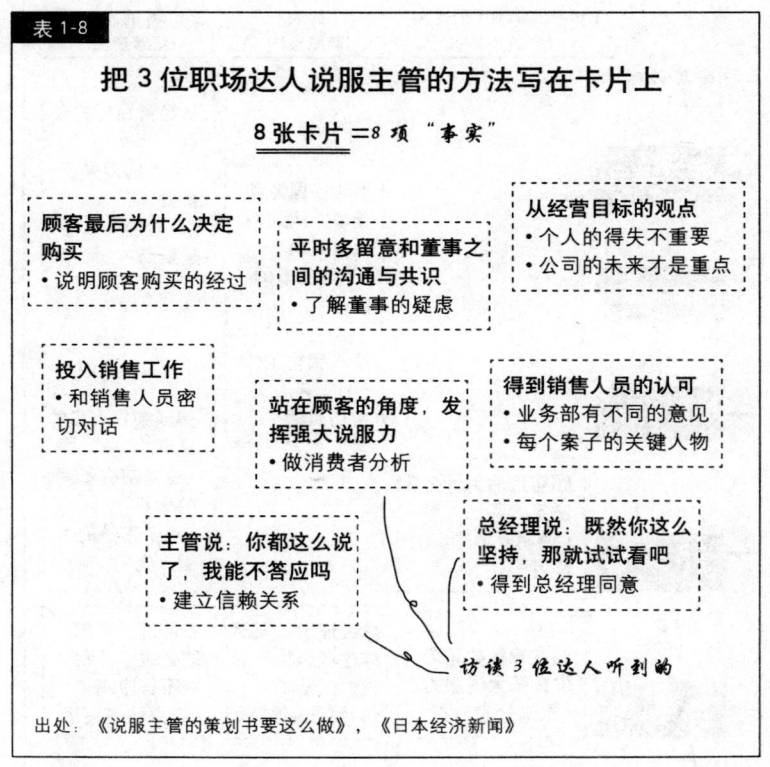

分解的时候,可以利用"KJ法",这是解决问题时经常会采用的方法。把搜集的信息写在卡片上,然后将同类型的信息归为一组。

表1-9

方法因人和职务而异,建立信任是共通点
3位职场达人说服主管的方法

不同的关注对象	TAKARA TOMY的达人 (产品开发)	NTT的达人 (新服务)	TDK的达人 (经营企业)
公司的未来			从经营目标的观点 • 个人的得失不重要 • 公司的未来才是重点
董事的沟通		平时多留意和董事之间的沟通与共识 • 了解董事的疑虑	
销售的现场		投入销售工作 • 和销售人员密切对话	得到销售人员的认可 • 业务部有不同的意见 • 每个案子的关键人物
顾客的故事	顾客最后为什么决定购买 • 说明顾客购买的经过		
建立信任	站在顾客的角度,发挥强大说服力 • 做消费者分析	总经理说:既然你这么坚持,那就试试看吧 • 得到总经理同意	主管说:你都这么说了,我能不答应吗 • 建立信赖关系

共通点

请看表 1-9，把三位达人提到的"顾客最后为什么决定购买""站在顾客的角度，发挥强大说服力""平时多留意和董事之间的沟通与共识""投入销售工作""总经理说：既然你这么坚持，那就试试看吧""从经营目标的观点""得到销售人员的认可""主管说：你都这么说了，我能不答应吗"这八项事实写在卡片上。

先将这八张卡片打散，再根据卡片的内容，把同类型的卡片放在一起，不能分类的就单独留下，然后为每一组配上标题。标题就是分解的主轴。

举例来说，"站在顾客的角度，发挥强大说服力""社长说：既然你这么坚持，那就试试看吧""主管说：你都这么说了，我能不答应吗"这三项事实的共同要素是"建立信任"，就把它们分为一组，以"建立信任"为标题。

同样地，"投入销售工作""得到销售人员的认可"可以配上"销售的现场"的标题。

不能分类的就单独留下，配上"公司的未来""董事的沟通""顾客的故事"等标题。

以上是"分解"的过程，接着，我们就可以进行"比较"。

我们可以在同类型的的事实中，找出共通点，看出主要的主张。举例来说，三位达人共同的做法是"建立信任"这项事实，代表在制作策划书之前，必须先和主管、周遭的人建立信任关系，这是商业活动的重要基础。

单独留下的事实也能看出主张。举例来说，"从经营目标的观点"这项单独的事实，可以看出 TDK 的达人以"公司的未来"说服主管。我们可以推测，他是从经营目标的观点，建立说服主管的逻辑，构成他的策划书。

通过整理、分解、比较，可以看出以前没注意到的事。如果可以看出主要的主张，或看出不一样的做法，将是正确传达事实的强大武器。

在这个例子中可以看出三位达人各有各的做法，你只要从中选择适合自己的方法就行了。经过整理、分解、比较，一定可以看出对自己最好、最正确的目标。

专栏：商业上的法则、案例、结果都是事实

如果要解决商业上的问题，有三大基本要素不可或缺："法则""案例""结果"。接下来我会逐一说明。

何谓"法则"？

包括社会科学的法则、商业上的普遍法则、为了让企业业务和组织正常运作而广泛应用的想法。法则代表"有关事物成形方法的想法"。

何谓"案例"？

包括和商业上的事例、推广事业的策略和推动组织的制度实例。案例代表"确实存在、可以观察的事例"。

何谓"结果"？

包括商业活动的结果、执行事业策略的成果、调度组织的效果。结果代表"可能发生或已经发生的事情"。

举例来说，"从规模效益的观点看来，媒体结盟这种商业上的融合，是有益的"，这是法则，"出版社和电影公司合并"是案例，"营收增加了100亿日元"则是结果。

读完这一章，你应该会发现，"出版社和电影公司合并"并非唯一的事实，"从规模效益的观点看来，媒体结盟这种商业上的融合，是有益的"这项法则是现实，"营收增加了100亿日元"这个结果也是事实。

商业法则，以及套用这项法则的情况（案例）和带来的变化（结果），这三点都是"事实"。

再优秀的商业人士，也不可能在做任何工作时，一开始就做得完美无缺。得先建立假说、实验，然后检验得到的结果。这样重复几次，确定可以套用的法则，再反复验证，才能看清"哪里有问题"。厘清事情进行得不顺利的原因，原本让人摸不清头绪的问题也会逐渐清晰。当你能够看清问题，就可以一步一步解决问题。

了解商业法则、案例、结果都是"事实",懂得活用"事实",要解决问题就更容易了。

表 1-10

商场的法则、案例、结果都是"事实"
解决商业问题的 3 个基本要素

法则 …… **有关事物成形方法的想法**
- 社会科学法则、商场的普遍法则
- 为了让企业业务和组织正常运作而广泛应用的想法

案例 …… **确实存在、可以观察的事例**
- 和商业有关的事例
- 推广事业的策略和推动组织的制度实例

结果 …… **可能发生(或已经发生)的事情**
- 商业行动的结果
- 执行事业策略的成果、调度组织的效果

参考:芭芭拉·明托,《金字塔原理》

第二章
事实要如何"整理"

第三章

第 12 节
设定的问题,决定你整理事实的方式

想说的话无法清楚表达,这种时候,往往自己也没有正确理解自己到底想说什么。只是有个模糊的想法,就想告诉对方,对方听了也会觉得不明所以。

能够清楚表达意见的人,都是充分了解自己想表达什么,并且以对方容易了解的方式陈述事实。要做到这一点,必须先把事实整理清楚。

简单来说,"整理"就是"把信息放在一起"。把原本散落各处的信息和数据汇整在一起。不过,如果只是随便把信息放一起也没有用，必须先设定问题，再搜集符合问题的事实。设定的问题，会决定你整理事实的方式。

整理信息一般有两种方法："由上而下法"和"由下而上法"。

"由上而下法"以企管顾问芭芭拉·明托（Barbara Minto）提倡的"金字塔结构"为代表，先设定主要的主张，在主要的主张下面列出一些补充说明的副主张，副主张下面再列出作为依据的事实，排成金字塔的形状。

相较于由上而下整理信息，一般人应该更习惯"由下而上法"，这以"KJ法"为代表。先把和主题相关的信息写成事实卡片，一张卡片写一个事实，再将卡片打散，根据卡片上的内容，重新将卡片分类排列，然后为每组卡片加上标题。

如果想传达的主张一开始就很明确，我会建议使用"由上而下法"。但如果目标还不明确，或是还不习惯整理，"由下而上法"会比较恰当。

表 2-1

设定的问题，决定你整理事实的方式

整理"事实"的角度 →威力强大的武器

着眼于"差"

企业经营者的观点
（现状／目标／差距）

矛盾
（需求差距）（和其他公司的差异）（公司内部认知的差异）

着眼于"时"

时间先后
（短期／中期／长期）（过去／现在／未来）

流程
（研究开发／制造／物流／营销／销售／服务）

着眼于"流"

老生常谈的5W1H
（When／Where／Who／What／Why／How）

故事
（Why／How／What／Why／What／How）

着眼于"类"

阿贝尔（Abell）的三次元
（Who／What／How）

现有和新设
（现有顾客／新顾客）（现有产品／新产品）

依照"差异""时间""类别""脉络"来整理

当我们由下而上整理事实时，关键在于"如何一边搜集资讯，一边分组"。所以我才说，设定的问题，会决定你整理事实的方式。

主要可以依照以下四个项目来整理：

- 差异——从比较之后看到的差异切入；
- 时间——从时间先后或行动流程切入；
- 类别——从类别切入，例如分成"既有"和"新创"；
- 脉络——从谈话脉络或故事结构的角度切入。

整理事实，必须从无限多的信息中找出必要的部分，有系统地汇整、分组。

"差异""时间""类别""脉络"不只在整理事实时有用，对于下一章要说明的"分解"也很有用。整理出来的事实要进行分解，最重要的关键就在于"划分事实的主轴"，之后我会再详细说明。

以什么样的"主轴"把整理出来的事实进行分组，之后比较得到的答案也会不同。"差异""时间""类别""脉络"就是为信息分组的四种角度。

我在前一章说过，能不能正确地整理和分解事实，对工作成果影响很大。正确地整理和分解事实，具体来说，就是在"差异""时间""类别""脉络"这四个项目中，选择一个适当的主轴。

觉得自己已经充分思考，却在工作上遇到瓶颈，不妨就从"差异""时间""类别""脉络"这四个角度重新思考，这样可以让你更接近目标，成为有能力解决问题的人。

第 13 节
从企业实例来整理事实

那么,我们需要整理哪些事实?

我就以一般人熟悉的企业实例来说明整理事实的基本方法,大家也可以套用这些方法。

表 2-2 是将企业实例整理出来的结果。表左边由上到下包括三大项目:"和公司有关的事实"、"和业界、对手有关的事实",以及"和市场、顾客有关的事实"。

每一个项目右边还有中分类,例如,"和公司有关的事实"又分为"经营理念""策略""经营计划""组织架构""业务""产品和服务""业绩"。

表 2-2

从企业实例来整理事实
"事实"需要经过整理

从 3C 切入

	中分类	小分类
和公司有关的"事实" Company	经营理念	企业愿景、发展历程、创业者的话、历任社长的话……
	策略	商业模式、经营策略、事业策略、组织能力、竞争优势……
	经营计划	短中长期的经营计划、对问题的理解、目标、行动计划……
	组织架构	组织图、员工结构、人才能力……
	业务	业务流程图、业务分工、业务说明书……
	产品／服务	销售产品、提供服务、价格、营销和促销、渠道……
	业绩	管理会计数据、财务会计数据、财务报表……
和业界、对手有关的"事实" Competitor	业界结构	业界动向、业界获利、市占率、卖方买方……
	竞争对手	竞争策略、商业模式、竞争对手的组织和能力、新加入的竞争对手、技术动向……
和市场、顾客有关的"事实" Customer	经济动向	GDP、成长率、人口结构和变化、各国法规……
	市场	市场规模和变化、各种消费群体的情况……
	顾客	顾客需求、顾客属性信息、家庭收支……

同样地,"和业界、竞争对手有关的事实"可以分为"业界动向""竞争对手";"和市场、顾客有关的事实"可以分为"经济动向""市场""顾客"。这些信息都是事实。

中分类的右边还有分解得更详细的内容,每一个小项目也都是事实。

所以说,事实有大有小,小项目是事实,组合起来也是事实,就看你分类的方式。以最小单位看来,就是表右边小分类的事实。

信息没有整理会怎样?

如果没有正确整理事实,会产生什么后果?以下是一些例子:

- 把公司的产品和业界流通的产品混为一谈;
- 把公司的经营策略和竞争对手的市占率混为一谈;
- 把创业者的话和市场规模混为一谈。

明明是不同的事实,却没有区分开来,代表没有正确整理事实。

把不同的事实当成同一类，还觉得自己已经充分掌握事实，这样沟通当然会出问题。"讨论没有交集""开会偏离重点"，会有这些情况，都是因为整理的方法不对。

举例来说，在职场上可能会出现像这样的对话：

主管：虽然A公司没有采用我们提出的产品促销计划，但应该可以再向B公司提案。还可以从什么角度切入呢？

下属：嗯，规划过程中，最辛苦的就是市场调研了。公司产品的主要消费群体是30~40岁的单身男性，但是问卷调查结果显示，最近20~30岁的女性也成为我们的消费群体了。

"促销计划的新策略"和"工作的甘苦谈"是完全不同种类的事实，双方的讨论当然不会有交集，也没有意义。不仅如此，主管和下属之间甚至可能产生沟通障碍。

正确认识事实、整理事实，可以让你不白费努力，也不会说出偏离重点的话。

第 14 节
搜集信息和数据

工作上,为了得到需要的结论,我们会去搜集可以证实结论的信息和数据。

假设你要解决的问题是:"让公司产品的营业额比去年更好",你需要正确了解事业计划的内容,包括是哪个部门的事业、营业额要比去年增加多少。此外,也必须掌握竞争对手的策略和业绩,以及既有顾客对产品有什么不满和期待。

这些信息和数据就是你要整理的事实。经过整理,才能有效活用这些信息和数据,证实"这是可以提高营收的对策",提出具体的解决方案。

把证实结论需要的信息和数据当成事实，整理清楚，推导出假说，再经过验证，重复这样的过程，你会逐步靠近正确的结果。不仅企管顾问会这么做，这对任何商业活动都是有效的方法，所以说，从信息和数据中得到的事实非常重要。

接着，我们一起来思考商业活动会需要哪些信息和数据。

请看表 2-3，商业活动需要的信息和数据都是事实。当我们思考假说背后的信息和数据，也就是在根据假说整理事实。

视情况采用定性信息和定量信息

信息和数据可以分为"定性信息"和"定量信息"。定性信息可以让我们了解性质和特征，定量信息则是以数字表示数量和规模的大小，两者都不可或缺。

再来想想要如何搜集定性信息和定量信息。

要搜集定性信息，通常会以访谈方式进行意见调查。这时候，应该尽量扩大访谈范围，找出可以提供有用意见的对象。

表 2-3 就列出五种访谈对象："访谈高层""访谈内部""访谈顾客""访谈对手""访谈专家"。

表 2-3

收集信息和数据，整理"事实"
商场上的定性信息和定量信息

定性信息	访谈高层	听经营者、董事、事业负责人的见解
	访谈内部	从关键人物和公司内部各阶层访谈的人获取信息
	访谈顾客	通过团体访谈和店面访谈深入了解顾客需求
	访谈对手	从竞争对手获取和业界动向、策略相关的信息
	访谈专家	听业界专家、分析师、团体的意见
定量信息	问卷调查	通过网络或邮件发送问卷得到答案
	大数据	分析庞大而复杂的数据，获取商业洞见
	模拟	套用设想的条件，预测可能的情况

如果定性信息能借由定量信息证明，会更有力

访谈除了可以用来搜集信息和数据，还能够检验自己设定的假说。

举例来说，"公司品牌知名度高，推出新产品应该有助业绩成长，但结果却不尽如人意。会不会是促销和广告方法有问题？"

为了检验这项假说，对顾客进行集体访谈是个好方法。如果能听到顾客的意见，"我不知道你们有出新产品""我对新产品的电视广告印象不好""我不知道哪里可以买到新产品"，就能够检验自己设定的假说。

如果访谈听到的意见和假说不同，那么只要修改假说就行了。接着再重复检验和修改假说的过程，确认新的假说是否正确，就可以逐渐接近最佳的解答。

另一方面，要搜集定量信息，最具代表性的方法是问卷调查。此外还有大数据和模拟，大数据可以横跨长时间搜集大规模的数据，模拟则是以特定条件分析数据，预测未来。

两者都适用于搜集和数字相关的信息和数据。

只要正确整理定性信息和定量信息的事实，就有助于思考下一步。

第 15 节
以亚马逊书店为例，试着整理事实

接下来，我就以大家熟知的亚马逊网络书店拓展业务的实例，带领读者思考整理事实的方法。从充分搜集数据，到正确掌握事实，是整理技术的应用篇。

贝佐斯的策略

1995 年，杰夫·贝佐斯（Jef Bezos）创办亚马逊网络书店，开始服务顾客，现在，全球有 10 个国家、超过 1.5 亿人在亚马逊购物，营收突破 700 亿美元。

听到营收700亿美元，大家可能会以为亚马逊是一家以营利为优先的企业，但其实，"随时站在顾客的角度思考"才是亚马逊的策略。

表2-4据说是贝佐斯在创办亚马逊之前，和投资人在聚餐时，画在餐巾纸上的商业模式图。

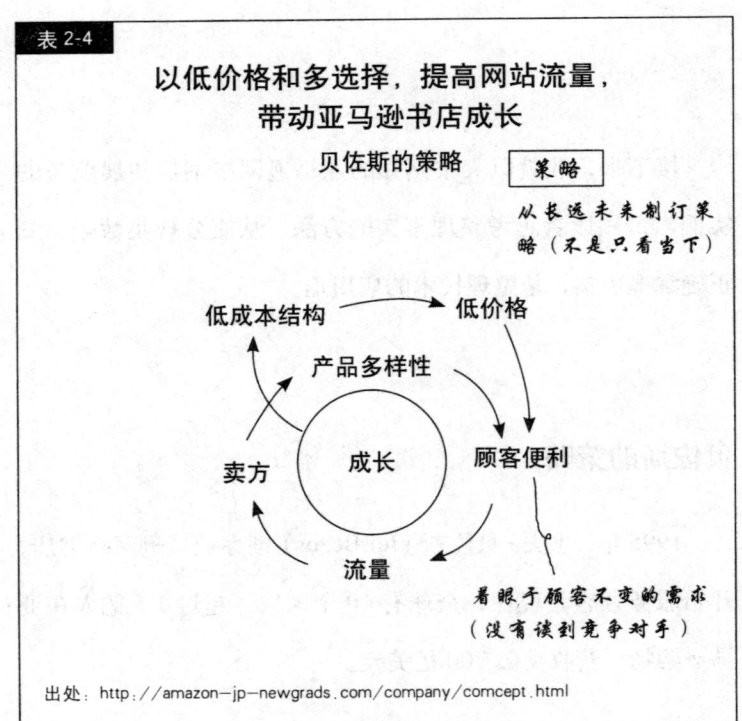

表2-4

以低价格和多选择，提高网站流量，带动亚马逊书店成长

贝佐斯的策略

策略
从长远未来制订策略（不是只看当下）

着眼于顾客不变的需求（没有谈到竞争对手）

出处：http://amazon-jp-newgrads.com/company/comcept.html

贝佐斯并不是只看当下，而是以一家永续企业，从长远未来制订策略。也就是说，这不是一张已经过时的商业模式图，而是一直到现在，仍然持续在进化、发展。

亚马逊销售的产品种类非常多（Selection），顾客想买什么都能立刻买到，体验到以往不曾有过的便利性（Customer Experience），顾客满意度提高，创造了口碑，也带动了用户人数和造访网站的流量（Traffic）。亚马逊不只是零售渠道，也建立交易平台，企业和个人可以成为卖方（Sellers），网站流量越大，产品种类也越容易扩大，形成正向循环。

另一方面，为了满足顾客的需求，能够以划算的价格购买，亚马逊必须维持低成本结构（Low cost structure）。顾客增加，企业规模变大，就有更多的资金，可以发挥经济规模的效益，以更低的价格（Low Price）提供商品。这样一来，顾客可以花更少钱买到同样的产品，顾客满意度也会更高。

换句话说，贝佐斯以顾客的需求构思商业模式，想到的结果，就是以更低的价格和更多的选择，提高顾客使用亚马逊的满意度和次数。如果是以利益为优先,这张商业模式图的正中央就会是利益(Profit),而不是企业成长(Growth)。

亚马逊的策略就是一个"事实"。

亚马逊的业绩变化,就和策略方向一致

亚马逊的业绩实际又是如何呢?请看表 2-5 的数据。

我想从比较长的时间轴来探讨亚马逊的业绩,不只看最近,而是从创业之后,经过十年、二十年这么长的时间,观察亚马逊的表现。

先看下页的图表"营收和获利的变化",从创业以来,亚马逊营收一路成长,不过,不要光看营收就推测获利也顺利成长。

看获利变化的折线图就能一目了然。创业之后,亚马逊一直处于亏损,还曾经一度大幅亏损,之后即使由亏转盈,

表 2-5

从亚马逊的业绩可以看出,它重视的是成长,而不是获利

亚马逊的业绩变化　　成果

营收和获利的变化

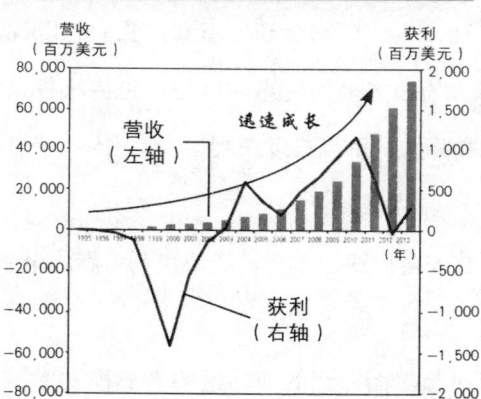

迅速成长
营收（左轴）
获利（右轴）

获利率的变化

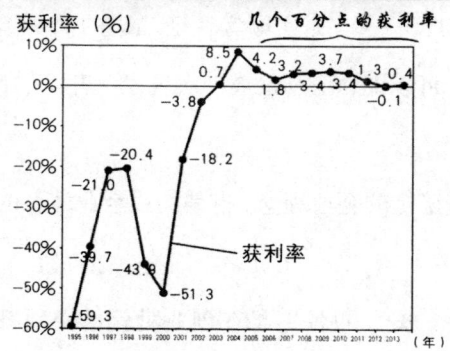

几个百分点的获利率
获利率

出处：US SEC FORM 10-K

不久之后又开始亏损，恢复获利之后又开始恶化，丝毫没有稳定的迹象。

"获利率的变化"折线图更可以清楚看出亚马逊获利并不多，即使是这几年，获利金额也不高。我们可以说，这是因为亚马逊努力为顾客提供优惠的价格，也持续投入资金，扩充资讯系统和物流，所以难以获利。

当然，也有人会批评，亚马逊就是获利不高的企业。

不过，请回想前面介绍的亚马逊的商业模式图，贝佐斯重视的是企业成长，而不是获利。就这个角度来看，亚马逊始终没有背离初衷——"充实顾客在亚马逊的消费体验，实现企业成长"，可以说，亚马逊成功实现了一开始的计划。

这是亚马逊坚定的企业理念，也是实践企业理念的结果。

更令人吃惊的是，贝佐斯早在创业时就已经预料到今日的结果。

支撑亚马逊的经营法则

接下来,我想和大家一起思考,从刚才介绍的实例可以推导出什么样的法则,也就是亚马逊的经营法则。

表 2-6

亚马逊的策略基于市场定位理论和企业能力理论

支撑亚马逊的 经营法则

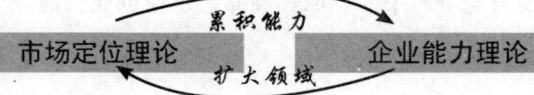

市场定位理论	企业能力理论
网络兴起时,率先创业,在电子商务领域奠定稳固的地位 • 列出二十种可以在网络销售的商品类型 • 先从"书籍"开始	投资全球最大规模的信息系统和物流网络,不断提升组织能力 • 商品种类是实体店面的几十倍 • 最快可以当天送货的快速送货服务 • 精准的推荐功能

参考:《取经丰田,亚马逊的独特经营》,《金融时报》

表 2-6 说明亚马逊的经营法则——"同时立足于市场定位理论和企业能力理论"。说得简单一点，亚马逊的策略成功取得了定位优势和组织优势。

从市场定位理论来说，网络在 1990 年代开始普及，亚马逊率先创业，以电子商务为主攻市场，选择书籍为商品，正式创业。

选择没有竞争对手的领域和商品，迅速创业，建立了独特的定位。

从企业能力理论来说，亚马逊投资全球最大规模的信息系统和物流网络，这是其他企业无法仿效的优势，也是独特的组织能力。举例来说，亚马逊提供的商品种类是实体店面的几十倍，可以从庞大的商品种类中，推荐适合每个顾客的商品，方便顾客选购，以及最快可以当天送货的快速送货服务，全都是亚马逊独一无二的组织优势。

企业能力理论看的是长期的累积，从创业以来，花几十年的时间建立起对现在的业务有益的组织能力。亚马逊在创业的时候根据市场定位理论决定业务的定位，之后又根据企业能力理论，不断提升组织能力。

亚马逊创业时从贩卖书籍开始，现在也销售家电、服饰、食品，网站造访人次增加，卖家越来越多，商品也越来越丰富，顾客满意度提高，正如表 2-4 呈现的良性循环。亚马逊在市场定位理论和企业能力理论之下，不断地成长。

亚马逊的经营法则，就是在市场定位和企业能力都取得优势。

表 2-6 中的市场定位理论表达的是一个事实，而企业能力理论呈现的是另一个事实，统整左右两边，以一个更大的框架思考，看到的也是一个事实。

专栏：分析架构或关键词并不能作为"事实"

整理事实的时候，必须小心分辨什么是事实，什么不是。有些东西乍看之下像是事实，其实不是，最具代表性的两个例子，就是商业分析架构和关键词。

商业分析架构和关键词，是我们为了推导出答案而使用的工具和提示，并不是事实。在工作中，运用分析架构和关键词，通过行动，得到成果，这些案例和结果才是事实。

然而，经营管理上有一些普遍性的法则，这些法则虽然看起来和分析架构、关键词类似，但它们都是事实。

我们就从管理学家迈克尔·波特（Michael Porter）的案例来了解为什么经营法则和分析架构、关键词不同。

迈克尔·波特的"五力"是事实吗？

波特提出经营法则："避免和竞争对手竞争，选择可以获利的市场，建立持续的竞争优势"。这代表"避免和竞争对手竞争，在没有敌手的地方拓展业务，就能长期处于领导地位"。这是他提出的经营理论，也是事实。

他的理论可以套用在实例验证，所以是事实。举例来说，你可以把这个法则套用在自己的公司，验证这个法则正不正确，所以说它是事实。

波特也提出知名的分析架构——"五力分析"。从"业界的竞争对手""新加入的竞争对手""替代品、服务""卖方""买方"这五种观点，分析业界结构，判断一个市场定位能不能获利。包括"五力分析"在内，这些分析架构都企图提出一套有用的模型，帮助你进行分析。

就算分析得到的结果和波特提出的经营法则是一样的，但光是分析架构，并不算事实。分析架构可以帮助我们分析、思考，但光有分析架构，没有信息和数据，就不算事实。

只要和经营法则比较，应该就能清楚看出两者的差异：

A 经营法则——避免和竞争对手竞争，在没有敌手的地方拓展业务，就能长期处于领导地位；

B 分析架构——五力分析。

哪一个才是商业事实？答案很明显是 A 经营法则。B 分析架构没有具体的商业事实，没有验证假说需要的信息和数据，就不是事实。

听到迈克尔·波特，有些人还会想到"差异化""成本领导""集中"这些关键词，这些关键词也和分析架构一样，是有用的思考工具，却不是事实。

完全相反的主张也是事实

理查德·达韦尼（Richard D'Aveni）则提出和波特完全不同的经营法则，他主张："竞争优势只能维持一时，唯有重复获得竞争优势的企业，才能长期表现优异。"

换句话说："领先市场也只是一时，立刻会有其他竞争对手加入，必须时刻思考新的策略，不断采取行动，才能长期维持良好绩效。"

这和波特提出的经营法则"只要选择对自己有利的市场，就能一直处于领导地位"恰好相反，不过，这也是事实。即使内容和波特说的完全相反，只要是可以验证的假说，就是事实。

达韦尼提出的关键词还有"高度竞争"，简单来说，就是"企业无法建立持续的竞争优势，但仍处在竞争非常激烈的环境"。这个关键词也不是事实，只要和经营法则比较，就能清楚看出差异：

A 经营法则——领先市场也只是一时，立刻会有其他竞争对手加入，必须时刻思考新的策略，不断采取行动，才能长期维持良好绩效。

B 关键词——高度竞争（＝竞争非常激烈的环境）。

A 经营法则是可以验证的假说，B 关键词只是代表某种状态，不能直接套用在实际情况，所以不是事实。

尽管"事实"会随着时代和经营环境而改变，但仍旧是事实。

经营法则是商业世界的规则

即使内容完全相反，却都是事实，除了波特和达维尼的例子之外，还有波特和杰恩·巴尼（Jay Barney）的例子。

巴尼提出的经营法则为"如果企业可以选择经营资源，而且其他企业无法仿效，就能够获得持续的竞争优势"。换句话说，"只要企业的能力是其他企业无法仿效、独特的经营资源，就能够成为领导市场的力量来源"。

虽然巴尼探讨的主题和波特一样，都是谈竞争优势，但波特主张"从外部观点选择可以获利的市场"，巴尼则主张"从内部观点获得其他企业无法仿效的能力"。不过，巴尼的主张也是事实。

巴尼提出"企业资源本位"的概念，以及实践这项理论的"VRIO 分析架构"。VRIO 是以经济价值(Value)、稀少性(Rarity)、模仿困难度(Inimitability)、组织(Organization)这四个角度进行分析,厘清企业内部资源的竞争力。

分析架构虽然不一样,却都是"只要这么分析,应该可以得到一些启发"的模型。所以下面只有 A 经营法则才是事实。

表 2-7

经营法则是"事实"①

将生产流程和器具标准化,提高生产效率。——腓德烈·泰勒
- 汽车的大量生产系统

改善职场人际关系,提高生产效率。——乔治·梅奥
- 人际关系理论(工作动机、领导力、协商)

避免和竞争对手竞争,选择可以获利的市场,建立持续的竞争优势。——迈克尔·波特
- 五力分析、差异化、成本领导、集中

竞争优势只能维持一时,唯有重复获得竞争优势的企业,才能长期表现优异。——理查德·达韦尼
- 高度竞争

A 经营法则——只要企业的能力是其他企业无法仿效、独特的经营资源，就能够成为领导市场的力量来源；

B 分析架构——VRIO 四个角度。

经营法则是商业世界的法则，就像我在第一章说的，"法则也是事实"。我们可以把经营法则视为一组事实，正确地整理，就能套用在你现在面对的情况上。

上面提到了三种经营法则，只要找到适合你现在面对的情况，或是再自行调整都行。

重点是，认清什么是事实、什么不是，然后正确地整理。

还有一些知名的经验法则，将在表 2-7、2-8、2-9 介绍。

请读者当成解决问题、思考问题时的参考，好好利用。

表 2-8

经营法则是"事实" ②

一家优秀企业的成功，来自于共享价值观的管理方式。
——汤姆·毕德士、罗伯特·华特曼
- 麦肯锡 7S

企业创造收益的根源，来自于组织适应需求的能力。
——麦盖瑞·哈默尔、C.K.普拉哈拉
- 核心竞争力

如果企业可以选择经营资源，而且其他企业无法仿效，就能够获得持续的竞争优势。
——杰伊·巴尼
- 企业资源本位、VRIO 分析架构

随着企业发展阶段，最适合的策略和组织构型也会改变。
——亨利·明兹伯格
- 10 种构型

出处：各相关论文

把法则、案例、结果都当成"事实"

工作上，许多人都曾经碰过撞墙期，思考混乱，事情发展不如自己预期。这时候，应该回到商业活动的基础，就像我在第 1 章专栏说明的,把"法则""案例""结果"都当成"事实"。

表 2-9

经营法则是"事实"③

> 事业计划应该在事前尽可能完整规划,有助于达成目标。
> ——伊格尔·安索夫
- PDCA 循环

> 在不确定性高的时代,事业目标和事业计划会在推动业务时自然形成。
> ——亨利·明兹伯格、詹姆斯·昆恩
- 策略雕琢

> 不确定性越高的事业,机会越大,逐步投资,不错过机会的做法,提高了成功率。
> ——布鲁斯·寇古特
- 实质选择权

> 新创事业要成功,必须快速重复"建构、计量、学习"的循环,不断尝试错误,改变顾客和产品,修正轨道。
> ——史蒂夫·布兰克、艾瑞克·莱斯
- 精实创业、最小可行性产品(MVP)

出处　各相关论文

把"法则""案例""结果"都当成"事实",正确地整理,就能够验证自己建立的假说,找到用逻辑思考解决问题的方法。

制作经营会议资料或规划新策划时,都能运用同样的方法。

举例来说,假设你想开发一项新业务,你做出模型,追踪成果;这个"案例"成功得到某种"结果";你想到,会有这样的结果是因为这符合某种经营"法则"。你想在会议上提出这个假说,就必须反复验证假说没有矛盾,是否成立。

这时候,表2-10呈现的三种思考模式就很有帮助。

演绎法、归纳法、假说推测法

如表2-10所示,"演绎法""归纳法""假说推测法"这三种思考模式根据的是"法则""案例""结果"之间的关联。只要把"法则""案例""结果"都当成事实,进行正确的整理，再活用这三种思考模式，重复验证、修改假说，就能逐步解决问题。

我再详细说明这三种思考模式。

活用"演绎法"

表2-10左边的"演绎法"是从法则推导出结果。步骤是："有某种法则→把法则套用在某个案例→得到某种结果"。

如果没有得到预想的结果，可以推测可能是法则不适用，就要再重新思考法则，验证假说。这时候，依然要把法则、案例、结果都当成事实。

演绎法的思考模式，是为了验证一开始提出的法则是否正确。

活用"归纳法"

表2-10中间的"归纳法"则是从实际案例推导出法则。

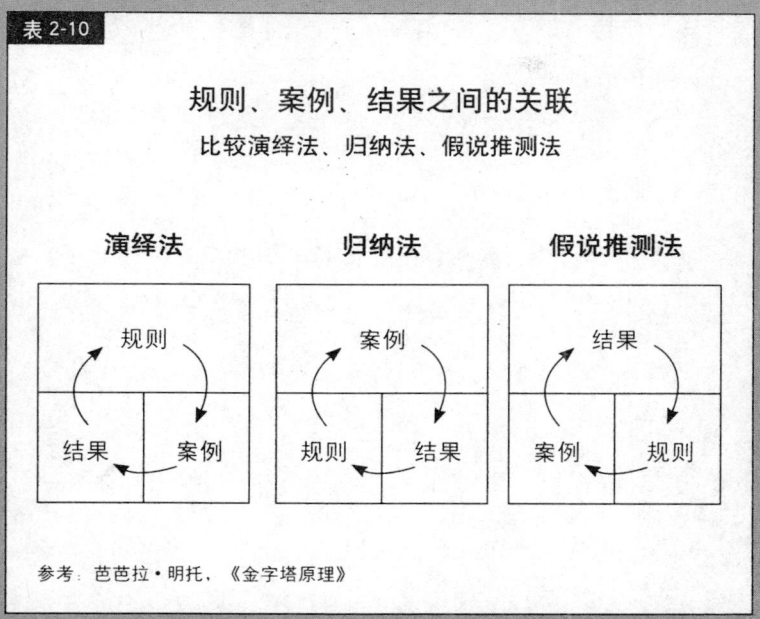

举个简单的例子:

- A公司建立了从顾客的角度行动的组织;
- A公司建立了可以迅速决策的管理制度;
- A公司能培育符合时代需求的人才。

因为这些案例,得到"A公司是一家表现优异的企业"的结果。思考A公司的成功法则,可以看出:"公司所有人都了解高层的价值观和经营理念，并且在每天的工作中实践共同的价值观。"

A公司的策略是基于汤姆·彼得斯（Tom Peters）提出的"麦肯锡7S"分析架构。这是分析组织能力的珍贵工具，涵盖策略、组织、人才、技能等七种经营资源。这也代表彼得斯提出的经营法则："一家优秀企业的成功，来自于共享价值观的管理方式"。

活用"假说推测法"

表2-10右边的"假说推测法"，是以不确定是否正确的假说进行推论。看不出是根据什么经营法则，看案例也各不相同，无法有系统地分析，这时候就要利用假说推测法。

利用假说推测法，我们先着眼于结果，推测"这种法则应该可以成立"，将假设的法则套用在各种案例上，如果每个案例都得到同样的结果，就代表假说成立。

以便利商店销售商品的方法为例，假设结果为"A 饮料的营业额在这个月成长了 2 倍以上"，这时候，销售人员会思考营业额突然增加的理由。

和之前的情况相比：

- A 饮料改放位置，刚好正对顾客的视线；
- A 饮料包装变得更多彩鲜艳。

新推出买 A 饮料送赠品的促销活动"A 饮料为什么卖得这么好？"

思考这个问题，应该可以想出许多理由。选出其中一个当成法则，例如"饮料摆放的位置如果正对顾客的视线，营业额就会增加"，把这当成假说，再进行验证。

- 把 B 饮料放在同样的位置，营业额也会增加这么多吗？
- 把自有品牌的饮料放在同样的位置，营业额也会增加这么多吗？

如果这个法则是对的，即使案例改变，应该也能得到同样的结果。

利用这三种思考模式，我们不仅能把原本还模糊不清的想法和点子整理清楚，也能让论述更具逻辑、更有说服力。选择能帮助你掌握"法则""案例""结果"，正确整理事实的思考模式就对了。

如果没有正确掌握"法则""案例""结果"，没有正确整理事实，即使会议上再拼命说明你的构想，也无法用逻辑说服大家。

如果你的说明让你自己都觉得"无法信服""没有完整表达"，不妨多练习这三种包含"法则""案例""结果"循环的思考模式。

第三章
通过"分解",导出有效突破现状的策略

第 16 节
以营销理论实践"分解"方法

只要习惯三步骤思考术,不管面对什么问题都能迎刃而解,不受阻碍地持续前进。

思考的第一步,是把大量的事实逐一整理。

但是,想在工作上交出漂亮的成绩,除了从整理好的事实中找出一个解决方案之外,还得养成习惯,放宽眼界,进一步思考:"有没有其他的解决方案?"从更多的角度找出最适当的解决方法。

好不容易才想到一个解决方案，大家难免会想："好不容易才有这个计划，我想坚持到最后……""都已经到这个阶段了，我不想再三心二意地想其他计划……"不过，如果在这时候放弃进一步扩大思考、深入思考，对于解决问题反而有可能是舍近求远，走上错误方向的风险也越大。

不如一开始就冷静应对，把选项准备齐全，选出最好的解决方案，才是最快的捷径。

所以，我们必须先正确掌握自己有什么选项，从各种角度思考所有选项，列举出来——这就是接下来要说明的"分解"的意义。

这一章我将具体说明何谓"分解"，以及如何运用已经整理好的事实。通过分解，找出突破现状的策略。

如何进行 STP 分析

分解的目的在于思考有效又具体的解决方案。我以策略营销流程为例，简单清楚地说明分解是什么，以及要怎么分

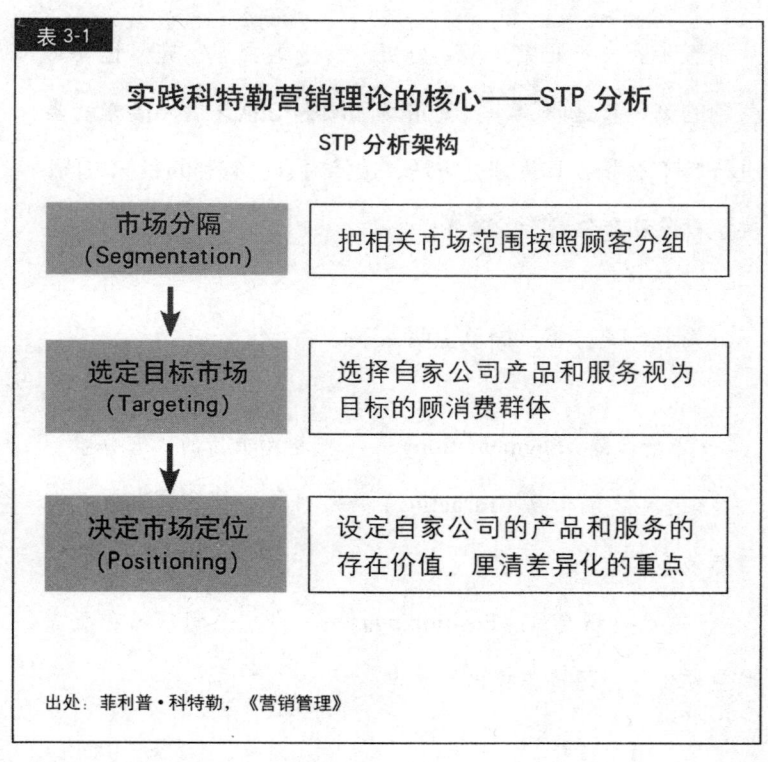

表 3-1 实践科特勒营销理论的核心——STP 分析

STP 分析架构

- 市场分隔 (Segmentation)：把相关市场范围按照顾客分组
- 选定目标市场 (Targeting)：选择自家公司产品和服务视为目标的顾消费群体
- 决定市场定位 (Positioning)：设定自家公司的产品和服务的存在价值，厘清差异化的重点

出处：菲利普·科特勒，《营销管理》

解，让读者学到实用的分解技术。

策略营销流程是决定商场竞争结构的过程，换句话说，就是决定要以什么样的营销策略致胜。

举例来说，营销大师菲利普·科特勒（Philip Kotler）提出营销五步骤——研究、STP 分析、营销组合、实施、管理。营销的第一步是研究，搜集市场和顾客信息之后，接着就要进行 STP 分析：具体划分市场，选择对自己有利的目标市场，决定自己和竞争对手的差异。

关于 STP 分析，简单说明如下：

- 市场区隔（Segmentation）——把相关市场的顾客分组。
- 选定目标市场（Targeting）——选择公司产品和服务的目标消费群体。
- 决定市场定位（Positioning）——设定公司产品和服务的存在价值，厘清差异化的重点。

STP 分析是思考营销时的重要步骤，"选定公司的目标消费群体""决定和其他公司差异化的重点"，从这些角度可以看到事业截然不同的面貌。只要分析的角度和选定的主轴独特而崭新，你将会发现新市场和新策略。

以 STP 分析来思考营销，拟定策略的过程也会变得明确。接下来，我再以 STP 分析说明分解的方法。

第 17 节
通过分解，找出主要消费群体

〈问题〉

你负责开发新的度假饭店，你要如何设定目标消费群体、设备等级、服务水平和提供的活动种类？

以开发新的度假饭店为例，首先，你必须思考度假饭店要以什么样的顾客为目标消费群体。先大致想好"想打造这样的度假饭店"，再想象"什么样的顾客会想入住度假饭店"，借由正确分解自己的想象，厘清顾客的样貌。

在想象度假饭店的顾客时，两大主轴为"年龄"和"年收入"。

随着顾客的年龄和收入水平的不同,需要的设备和服务也不同。这时候,按照人口分布情况选择样本,进行随机抽样的问卷调查。

调查结果请看表 3-2。

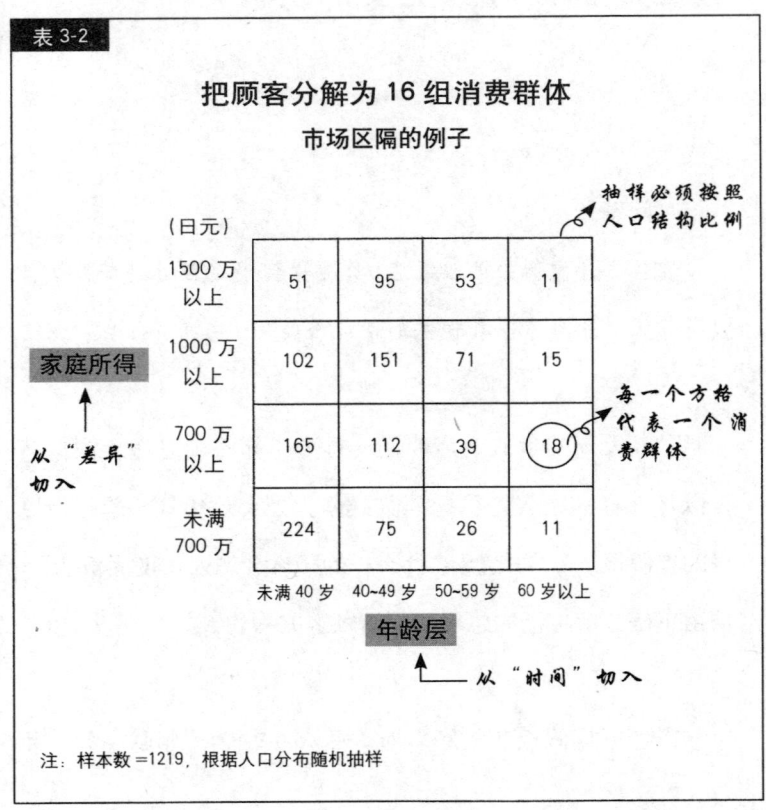

区隔市场

表 3-2 横轴代表"年龄",把抽样的 1219 人,分成"未满 40 岁""40~49 岁""50~59 岁""60 岁以上"。纵轴代表"家庭所得",分为"未满 700 万""700 万以上""1000 万以上""1500 万以上"。

横轴的年龄和纵轴的年收入,将调查对象分为 16 组,抽样的 1219 人都会属于其中一组,没有遗漏,也没有重复。

其实,在确保"没有遗漏、没有重复"之前,必须先思考:

"如果新的度假饭店要赢得顾客喜爱,应该从什么角度切入?"

决定分解的主轴,必须深思熟虑,反复确认:"这么划分真的正确吗?"多尝试不同的做法,例如,"也许不以 700 万为标准,改以 500 万为标准比较好……""也许应该从 20 岁开始划分……"

"与其以年龄和年收入为主轴,会不会改用家庭人口结构、居住地区、住宅的持有或租用为主轴……"最后选定以年龄和家庭所得为主轴。

第二章介绍过,正确地整理和分解事实,具体来说,就是在"差异""时间""类别""脉络"这四个项目中,选择一个适当的主轴。换句话说,分解的一个重要关键在于主轴的选择。

横轴的年龄是采用"时间"的角度,纵轴的"家庭所得"则是采用"差异"的角度。还不熟悉分解的方法时,选择主轴时最好多做尝试。

抽样也必须按照人口结构比例。从表中可以看出,未满40岁、家庭所得未满700万日元的样本有224人,在样本数1219人中,占了18%(224/1219),和人口比例相同。

在第一阶段的市场区隔,我们以年龄和所得把顾客分解为16个消费群体,营销真正有趣的部分现在才要开始。

我们必须从这 16 个消费群体中，选出适合度假饭店的消费群体——这就是选定目标市场。

请注意，这个阶段还不能单纯以数字大小来判断。在表中，从年龄和年收入看来，人数最多的一组是"未满 40 岁／家庭所得未满 700 万日元"，有 224 人。但如果就这样把度假饭店的目标消费群体设定为"未满 40 岁／家庭所得未满 700 万日元"，也太过草率。

新的度假饭店要以什么样的人为目标消费群体？对公司有利的消费群体又是谁？

接下来，要清楚锁定目标消费群体。

第18节
分析消费群体，锁定目标市场

要找出适合新度假饭店的顾客，必须进一步分析刚才分解得到的十六个消费群体。

之前按照人口结构比例抽样1219人，依照年龄和所得划分为十六组，接下来，我们要从这十六个消费群体中，锁定核心目标和周边目标，找出适合新度假饭店的顾客。

选定目标市场，是为了让对度假饭店的想象，和真正来住宿的顾客的需求和期望一致。换句话说，我们要让"想打造这样的度假饭店"和"想住在这样的度假饭店"彼此一致。

选定目标市场

先依照度假饭店的想象设定五个条件,以问卷调查抽样的1219人是否符合条件。

这五个条件分别是"每年旅行花费24万日元以上""想入住好的度假饭店""重视服务质量""想体验饭店活动""喜欢日本饭店的待客方式"。

先调查有多少人符合这五个条件,了解度假饭店想象中的顾客,实际上是什么消费群体、有多少人。

表3-3是调查结果。在16个方格里写的百分比,代表每一格的人数中符合这五个条件的比例。

比例越高,代表有越多人可能成为新度假饭店的顾客。

举例来说,16个方格中,人数最多的是"未满40岁/家庭所得未满700万日元",有224人,但当中只有27人满足这五个条件。就比例来说,只有12%可能成为新度假饭店的顾客。

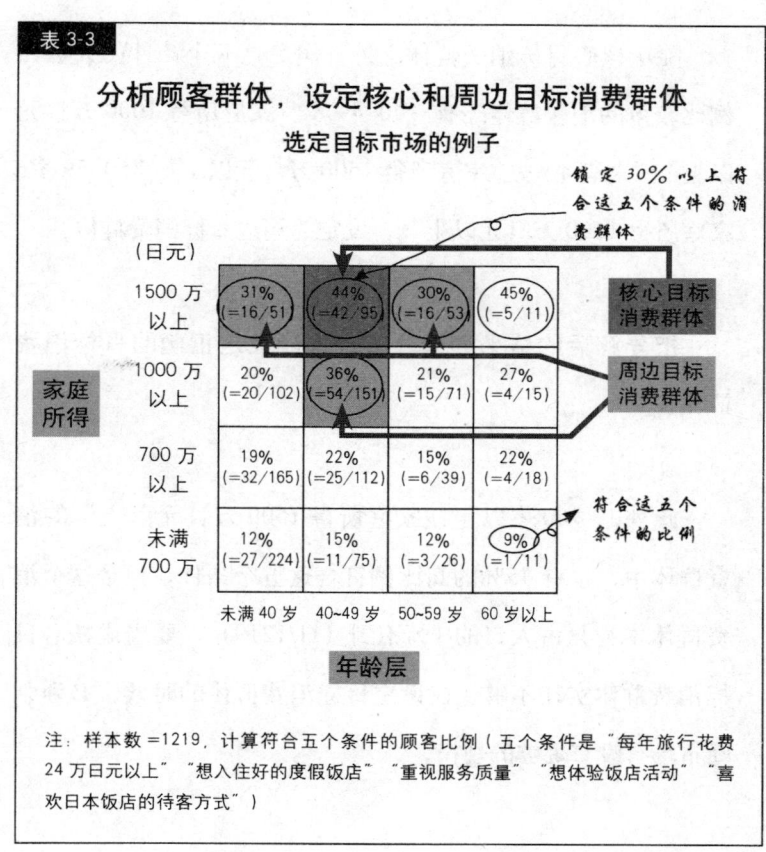

我们再看看哪一组消费群体有比较多的人可能成为新度假饭店的顾客。我们可以看出是"40~49岁／家庭所得1500万日元以上",换句话说,这一组才是新度假饭店的核心目标消费群体。

除了核心目标消费群体之外，满足这五个条件的人数比例比较多的消费群体还有"40~49岁、家庭所得1000万日元以上""未满40岁、家庭所得1500万日元以上""50~59岁、家庭所得1500万日元以上"，设定为周边目标消费群体。

把分解后的结果继续分析，就能设定正确的目标消费群体。

此外，"60岁以上、家庭所得1500万日元以上"的消费群体中，也有45%的高比例符合这五个条件，但是这个消费群体本身只占人口的1%不到（11/1219），要当成核心目标消费群体实在不够。在设定目标消费群体的时候，必须判断市场有没有足够的规模。

第 19 节
决定市场定位,让全球的爱好者赞不绝口

以年龄和家庭所得为主轴,将顾客分成 16 个消费群体之后,从中选定"40~49 岁／家庭所得 1500 万日元以上"的顾客为核心目标消费群体,接着要决定市场定位。

决定市场定位

以"40~49 岁／家庭所得 1500 万日元以上"的顾客为核心目标消费群体的度假饭店应该要是什么样子,这就是决定市场定位。

表 3-4

决定市场定位，让全球的爱好者赞不绝口
决定市场定位的例子

从"类别"的角度切入根据度假饭店组成要素进行分解

	差异化	和其他饭店的相比
硬件	**五星级饭店** · 小木屋房型＋饭店房型 · 房间数：100~300 间 · 客房价位：40000 日元	六星级：安缦、文华 五星级：四季、莱佛士、香格里拉 四星级：帝国、喜来登、Busena、Halekulani
软件	**采用日式服务，满足海外的挑剔型房客** · 满足五感的住宿体验 · 激发好奇心的有趣策划 · 针对个人设计的贴心服务	丽思卡尔顿饭店奉行的"服务价值"
内容	**由专家带领的活动** · 课程（高尔夫／滑雪／骑马／饮食／登山健行） · 水疗	专业教学（美国／高尔夫） 滑雪学校（欧洲／滑雪） 健康课程（亚洲／水疗）

出处：为了讲课设计的例子

新度假饭店的目标是"让全球的爱好者赞不绝口,住过之后还想回来",接着,根据这个目标,想象核心目标消费群体来饭店住宿的情况,从"硬件""软件""内容"这三个层面思考度假饭店应该满足什么条件。

在搜集度假饭店的组成要素、整理事实时,就是从"类别"的角度切入,选定"硬件""软件""内容"这三项。

以硬件来说,目标是"成为全球五星级饭店"。依照全球标准,饭店等级从六星级到无星级都有,范围很广泛,但一流的饭店,几乎都是四星级以上。这次的度假饭店虽然不及"安缦""文华"这些六星级的饭店,但也想达到"四季""莱佛士"这些五星级饭店的水平,并设定同等级的价位。按照这种方法慢慢决定市场定位。

软件的部分,则设定为"采用日式服务,满足海外的挑剔型房客"。所谓的日式服务,包括"满足五感的住宿体验""激发好奇心的有趣策划",以及"针对个人设计的贴心服务"。

全球公认服务一流的丽思卡尔顿饭店奉行"服务价值"理念："时刻满足顾客的愿望和需求——不论顾客是否说出口。"新的度假饭店将参考同样的服务价值，加入日式的待客方式，建立独特的优势。

至于内容的部分，设计只有住宿才能体验的活动。例如，打高尔夫球有专业教练指导，也提供课程；水疗除了一般的舒缓疗程，还有专业营养师提供饮食建议。

对度假饭店来说，"地点"也是提升顾客满意度的必备条件，提供适合远眺的景致，让顾客可以远离日常生活，这也是属于硬件层面的市场定位。到了度假饭店，在大厅就能看到一片蔚蓝的海景，让人心旷神怡，会是饭店的一大优势。

在决定市场定位时，必须像这样，从多种角度思考"硬件""软件""内容"这三个层面。

第 20 节
从需求分析,设计不同的价位组合

前面是按照 STP 分析架构,说明分解的方法,我们也可以从顾客需求的角度进行分解。接下来,我将说明如何进行"需求分析"。

首先,以问卷调查抽样对象入住度假饭店时的"住宿天数"和"每一天的花费"。和之前的调查一样,这也是以符合以下五个条件的人为对象:"每年旅行花费 24 万日元以上""想入住好的度假饭店""重视服务质量""想体验饭店活动""喜欢日本饭店的待客方式"。

调查结果请看表 3-5。表中分析了五个消费群体：核心目标消费群体、两个周边目标消费群体、人数最多的消费群体和住宿天数最多的年长消费群体。

需求分析的做法

分解顾客的住宿天数和每一天的花费，整理结果如下：

核心目标消费群体

（40~49 岁／家庭所得 1500 万日元以上）

• 平均住宿 4.4 天，每一天花费 4.1 万日元，总花费大约 18 万日元。

• 核心目标消费群体占整体的 18%。

两个周边目标消费群体

（① 50~59 岁／家庭所得 1500 万日元以上，② 30~39 岁／家庭所得 1500 万日元以上）

• ① 平均住宿 3.5 天，每一天花费 5 万日元，总花费大约 17 万日元。

表 3-5

针对目标消费群体设计两种价位组合
需求分析的例子

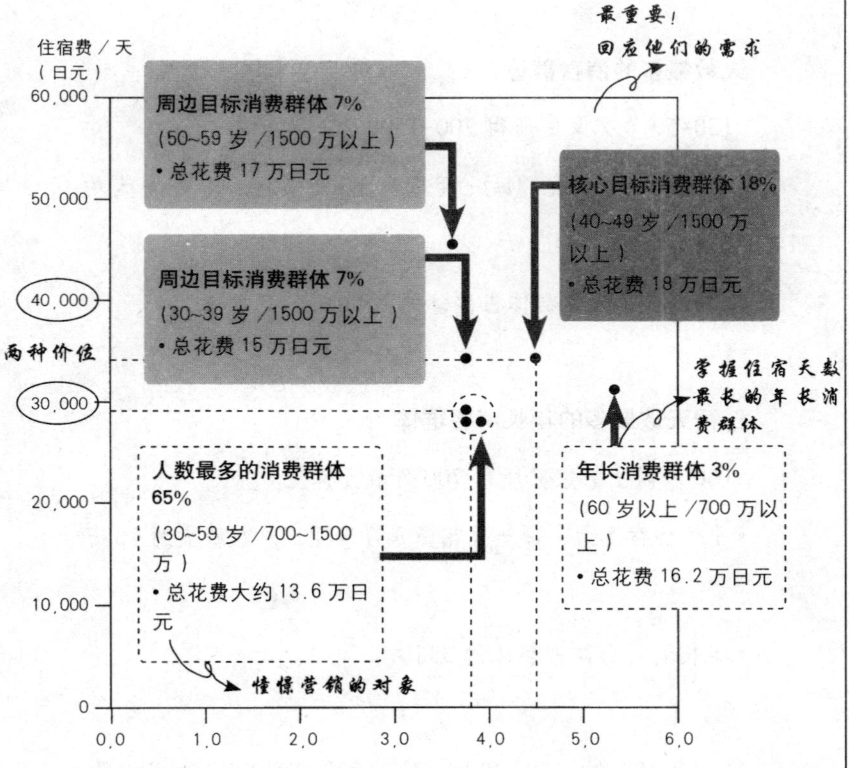

注：样本数=1219，计算符合条件的顾客比例（每年旅行花费 24 万日元以上、想住好的度假饭店、重视服务品质、想体验饭店活动、喜欢日本饭店的待客方式）

- ② 平均住宿3.5天，每一天花费4万日元，总花费大约15万日元。
- 两个周边目标消费群体分别占整体的7%。

人数最多的消费群体

（30~59岁／家庭所得700~1500万日元）

- 平均住宿3.7天，每一天花费3.2万日元，总花费大约14万日元。

人数最多的消费群体占整体的65%。

住宿天数最多的年长消费群体

（60岁以上／家庭所得700万日元以上）

- 平均住宿5天，每一天花费3万日元，总花费大约16万日元。
- 年长消费群体占整体的3%。

针对占18%的"40~49岁／家庭所得1500万日元以上"的核心目标消费群体制定策略，设计吸引他们的硬件、软件、内容，是度假饭店的关键课题。

通过需求分析，我们可以看得更清楚，举例来说，度假饭店也必须顾及人数最多的消费群体和年长消费群体。

就商业角度看来，对于人数最多的消费群体，应该采取"憧憬营销"，不能轻易放掉。有些顾客会为了入住度假饭店努力存钱，即使得节食缩衣，还是想住一次看看。饭店必须提供能让这些顾客怀着憧憬的策划，这就是"憧憬营销"。

举例来说，可以考虑将房间分级的做法，除了最豪华的房型，也提供不同等级的房型，让顾客能够以更平实的价位住宿。

如果能够让很多人觉得："只要能入住那家饭店，也愿意接受等级低一点的房型。"这个策略就会成功。

针对年长消费群体也一样，每一天平均花费 3 万日元，虽然不是最多，但是关键在于平均住宿五天，总花费高达 16 万日元。即使每天平均花费金额不多，只要每次停留时间长，最后总花费还是很高。所以，提供适合年长消费群体的合理价位房型应该也会有效。

像这样，通过分解，能够帮助你针对每一个消费群体思考具体的做法。

经过分解，我们可以看出，度假饭店需要思考两种价位的组合。第一种价位以富裕顾客为对象，包括核心目标消费群体和周边目标消费群体，房价每晚 4 万日元左右。第二种价位则以人数最多的消费群体和年长消费群体为对象，房价每晚 3 万日元左右。

只要以 3∶7 的比例配置这两种组合就会很完美，具体来说，度假饭店有三成是带泳池的独栋别墅，另外七成则是较为简单的房型。

第 21 节
以数学分解,找出获益最大的模式

分解还有其他各种角度,例如以数学分解,就是一种简单的做法。举例来说,想一想如何分解顾客在度假饭店的花费。

数学分解的做法

总花费金额等于每一天的花费乘以住宿天数,可以写成如下的算式:

总花费金额＝每一天的花费 × 住宿天数

接着，再思考每天花费的详细内容，除了住宿费之外，还有餐饮费与活动费。

以总花费 18 万日元的核心目标消费群体为例，每天的花费有住宿费 1.9 万日元；在餐厅和咖啡厅用餐，花了餐饮费 1.3 万日元；中午参加浮潜，晚上享受水疗，花了活动费 9000 日元。换句话说，一天的花费包括住宿费、餐饮费和活动费。

一天的花费＝住宿费＋餐饮费＋活动费

总花费金额的算式如下：

总花费金额＝每一天的花费（住宿费＋餐饮费＋活动费）× 住宿天数

表 3-6 是分解的结果，可以清楚看出核心目标消费群体的消费特性，住宿费 1.9 万日元、餐饮费 1.3 万日元、活动费 0.9 万日元，总计 4.1 万日元。每天花 4.1 日元，平均住 4.4 天，总花费为 18 万日元。

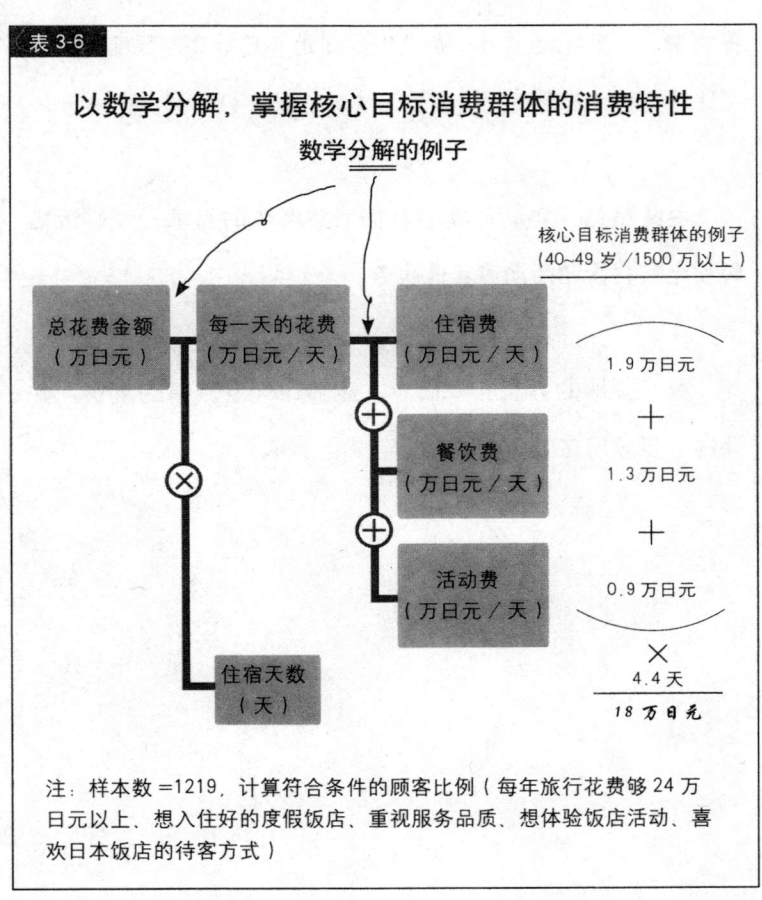

如何将分解得到的结果反映在度假饭店的活动策划上?

我们可以看出，顾客除了住宿费之外，还有其他花费：餐饮费 1.3 万日元＋活动费 0.9 万日元＝总计 2.2 万日元，其实比住宿费 1.9 万日元更多。

由此可见，要满足核心目标消费群体的需求，度假饭店必须充实餐饮和活动等其他服务。

数学分解的方法非常简单，能够让你看到新的事实，并且进一步应用在工作上。

专栏：分析架构是进行分解时的实用工具

想试着分解眼前的工作，却不知道该从何着手，这时候，各种企管分析架构就可以派上用场。以下介绍的分析架构，也都是分解的例子。

这些分析架构可能许多人都已经知道了，但总觉得实际上要运用很困难。不过，利用这些分析架构来分解，可以为你带来启发，是有效的思考工具。

想要没有遗漏、没有重复地分解，只要运用各种分析架构，就能做得正确又快速。还不熟悉分解、或者还不知道怎么运用分析架构的人，请务必试试看。运用在各种情境中，你将会发现它的威力。

表 3-7

分析架构是分解的实用工具 ①

想掌握外部环境变化的时候

PEST 分析

政治因素	Politics	政权交替、法规修订、外交问题等
经济因素	Economics	景气动向、物价变化、GDP 成长率等
社会因素	Society	人口动态、舆论、流行趋势、教育制度等
技术因素	Technology	新技术普及、专利等

想调查业界获利难易度的时候

五力分析

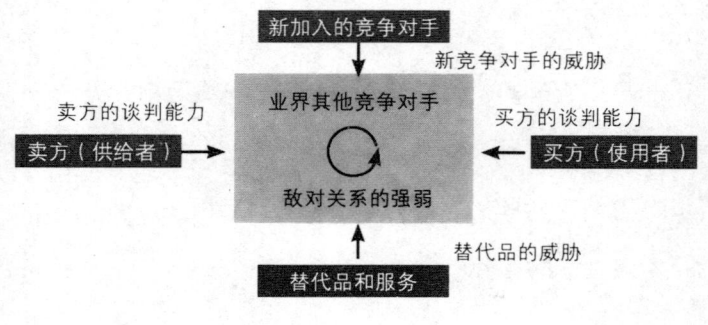

想掌握外部环境变化的时候→PEST 分析

从政治因素（Politics）、经济因素（Economics）、社会因素（Society）、技术因素（Technology）这四个角度进行分解，可以了解事业面临什么样的外部环境。

想调查业界获利难易度的时候→五力分析

把影响业界的因素分成五种："其他竞争对手的情况""有没有新加入的竞争对手""有没有替代品和服务""卖方的谈判能力""买方的谈判能力"，以了解在业界获利的难易度。

表 3-8

分析架构是分解的实用工具 ②

想掌握事业面临的情况时①

| 3C 分析 |

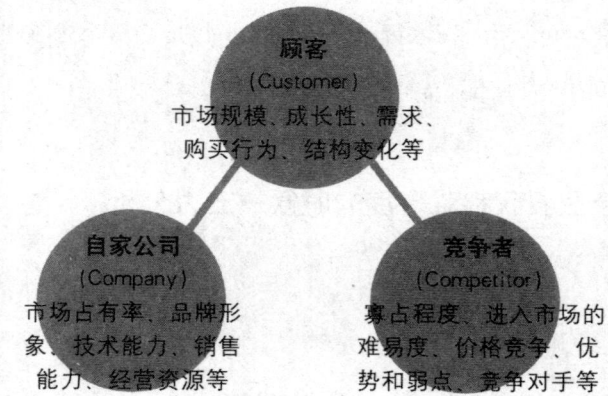

顾客
(Customer)
市场规模、成长性、需求、购买行为、结构变化等

自家公司
(Company)
市场占有率、品牌形象、技术能力、销售能力、经营资源等

竞争者
(Competitor)
寡占程度、进入市场的难易度、价格竞争、优势和弱点、竞争对手等

想掌握事业面临的情况时②

| SWOT 分析 |

	正面因素	负面因素
内部环境	优势 (Strengths)	弱点 (Weaknesses)
外部环境	机会 (Opportunities)	威胁 (Threats)

想掌握事业面临的情况时①→ 3C 分析

针对公司面对的环境,从对经营管理有重要利害关系的三个角度进行分解:顾客(Customer)、竞争者(Competitor)、自家公司(Company),思考可以取得平衡的经营策略。

想掌握事业面临的情况时②→ SWOT 分析

从竞争优势(Strengths)、弱点(Weaknesses)、机会(Opportunities)和威胁(Treats)这四个角度切入,找到适合自己的机会。

表 3-9

分析架构是分解的实用工具 ③

想掌握企业和事业的整体时①

PPM 分析

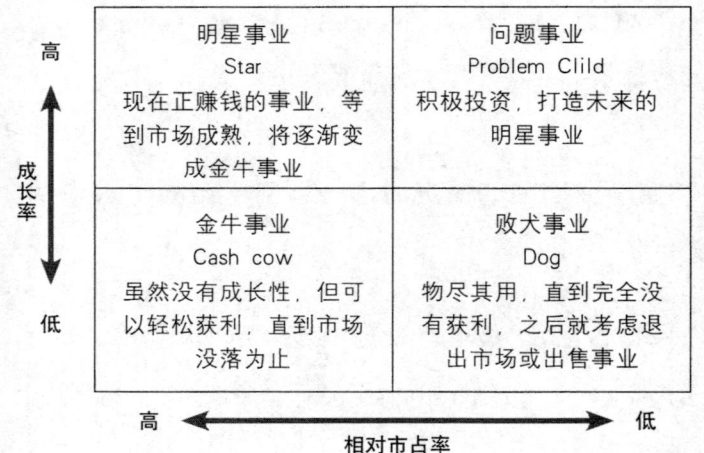

想掌握企业和事业的整体时②

价值链分析

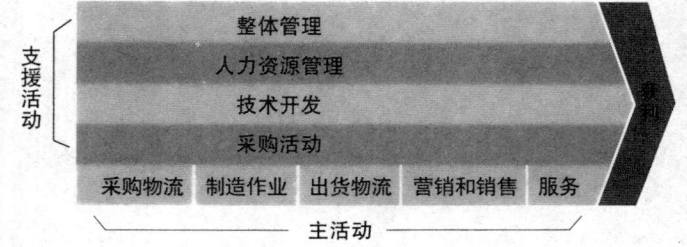

续表

| 表 3-9 | 分析架构是分解的实用工具 ③ |

想掌握企业和事业的整体时③

`7S 分析`

- 策略 Strategy
- 制度 System
- 组织 Structure
- 共同的价值观 Shared value
- 人才 Staff
- 技能 Skill
- 风格 Style

| 表 3-10 | 分析架构是分解的实用工具 ④ |

想判断事业的方向时①

`安索夫矩阵`

		产品	
		既有	新创
市场	既有	**市场渗透** 加强现有事业在市场上的渗透率	**产品开发** 开发适合现有顾客的新产品
	新创	**市场开拓** 扩大销售地区和销售机会	**多元化** 在新市场推出新产品

145

续表

表 3-10

想判断事业的方向时②

优势矩阵

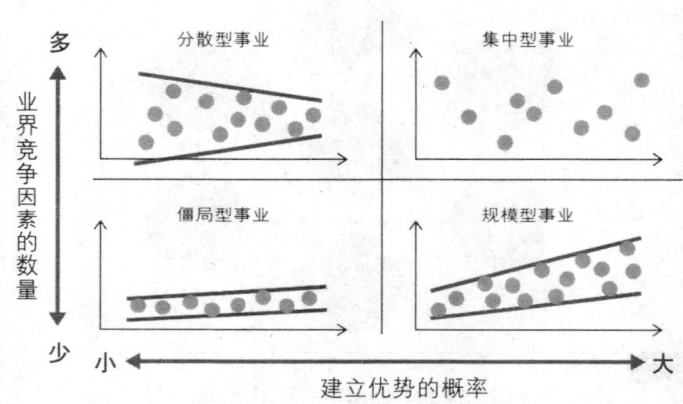

表 3-11

分析架构是分解的实用工具 ⑤

想决定营销策略时

STP 理论

146

想掌握企业和事业的整体时①→PPM分析

以市场成长率为纵轴、相对市占率为横轴,依照在这两方面的高低程度,将事业分解成"金牛事业""明星事业""问题事业""败犬事业",能够清楚知道事业的获利情况和投入资源的先后顺序。

想掌握企业和事业的整体时②→价值链分析

把事业活动分解为"主活动"和"支援活动",再把主活动分为采购物流、制造作业、出货物流、营销和销售、服务,支援活动分为全体管理、人力资源管理、技术开发、采购活动。分析每一种活动创造的价值和成本,了解各项活动对企业的贡献。

表 3-11

想决定销售方法时

`4P 分析`

产品 Product 种类、质量、设计、特征、品牌、包装、尺寸、服务、保证、退货等	价格 Price 定价、降价、折扣、优待条件、付款方式、付款期限、交易条件等
通路 Place 销售渠道、物流、直销、据点、库存、配送、货架、零售等	促销 Promotion 促销活动、广告宣传、公关、业务、销售管理等

想改变销售方法时

`PLC 分析`

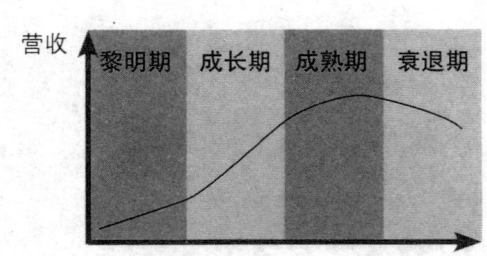

	黎明期	成长期	成熟期	衰退期
营收	低	快速成长	低成长	减少
获利	亏损	增加	巅峰	减少
营销策略	扩大市场	渗透市场	维持市占率	确保生产效率

想掌握企业和事业的整体时③→ 7S 分析

把组织优势分解成三种硬件经营资源（策略、组织、制度）和四种软件经营资源（技能、风格、人才、制度、共同的价值观），总共七个项目，借此思考适合的事业策略和组织运营。

想判断事业的方向时①→"安索夫矩阵"

以（市场和产品）X（既有和新创）的2X2组合，分解事实，思考让事业成长所需的策略。

想判断事业的方向时②→"优势矩阵"

纵轴为业界竞争因素的数量，横轴为建立优势的概率，分解成四种不同的事业："集中型(Specialty)事业"、"分散型(Fragmented)事业"、"规模型(Scale)事业"、"僵局型(Stalemate)事业"，可以看出事业今后的方向。

表 3-12

分析架构是分解的实用工具 ⑥

想执行业绩改善计划时

PDCA

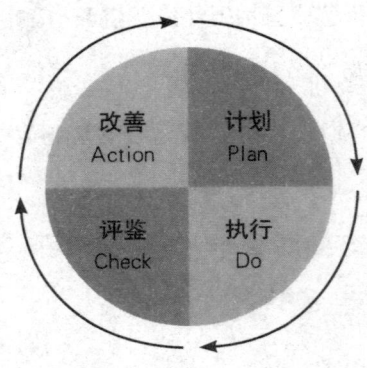

Plan	计划	设定目标,设计(修改)实现目标需要的流程
Do	执行	执行计划
Check	评鉴	衡量、评鉴绩效,和目标比较,进行分析
Action	改善	持续改善流程,采取必要的措施

想了解人才类型时

PM 理论

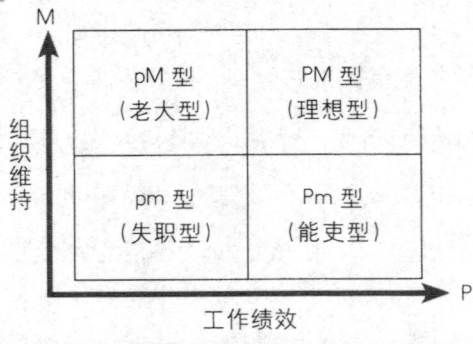

想决定营销策略时→ "STP"

把相关市场范围按照顾客分组(segmentation)、选择自家公司产品和服务视为目标的顾客群(targeting)、设定自家公司的产品和服务的存在价值，厘清差异化的重点(positioning)。按照这三个步骤分解，可以看出营销策略。

想决定销售方法时→ 4P 分析

推动营销时，以产品(Product)、价格(Price)、促销(Promotion)、渠道(Place)进行分解，思考畅销的机制。

想改变销售方法时→ PLC 分析

从产品问世，到销声匿迹，产品的生命周期可以分解为四个阶段："黎明期""成长期""成熟期""衰退期"，借此思考不同阶段的销售方式。

想执行业绩改善计划时→PDCA

把工作分成计划（Plan）、执行（Do）、评鉴（Check）、改善（Action）四个阶段，重复这些步骤，持续改善做法。

想了解人才类型时→PM理论

把人才依照"工作绩效"（Performance）和"组织维持"（Maintenance）两个主轴，分为PM型（理想型）、Pm型（能吏型）、pM型（老大型）和pm型（失职型），根据人才的类型进行管理。

第四章
利用"比较",清楚表达主张

第 22 节
制作图表的目的就是进行"比较"

"比较"是把相同单位的事实放在一起对照,从差异中导出主张。在进行量化比较时,图表可以让结果看起来更清楚,也可以说,制作图表的目的就是进行比较。

利用比较,我们可以看出隐藏在比较对象之间的主张。举例来说,A 公司现在的营收为 600 亿日元,十年后的营收目标为 900 亿日元,两者之间相差 300 亿日元。要填补未达到的 300 亿日元,就必须规划、执行具体的方案和策略,例如"建立新事业""重新检视表现不佳的事业"等。

通过比较,我们可以发现差异,想到解决方法。

我想先说明，我们应该比较什么样的事实，以及比较之后要如何解释差异。

比较的第一步，是学会制作与解读"图表"，将比较的结果清楚地呈现。我们可以通过图表，找出事物的差异。在制作资料时，只要记住图表扮演的角色和使用图表的目的，对方也会更容易明白你想传达的主张。

利用图表，呈现公司的业绩变化和经营计划

〈问题〉

A公司过去十年业绩稳定成长，你要为公司拟定长期经营计划，让营收继续成长十年，你能想到什么办法？

我就以A公司的经营计划为例，说明比较的做法。

首先，请看表4-1。图表中以十年为单位划分A公司的业绩，写上2005年、2015年、2025年的数值，也就是十年前和现在的营收和营业利益率，以及十年后的目标。

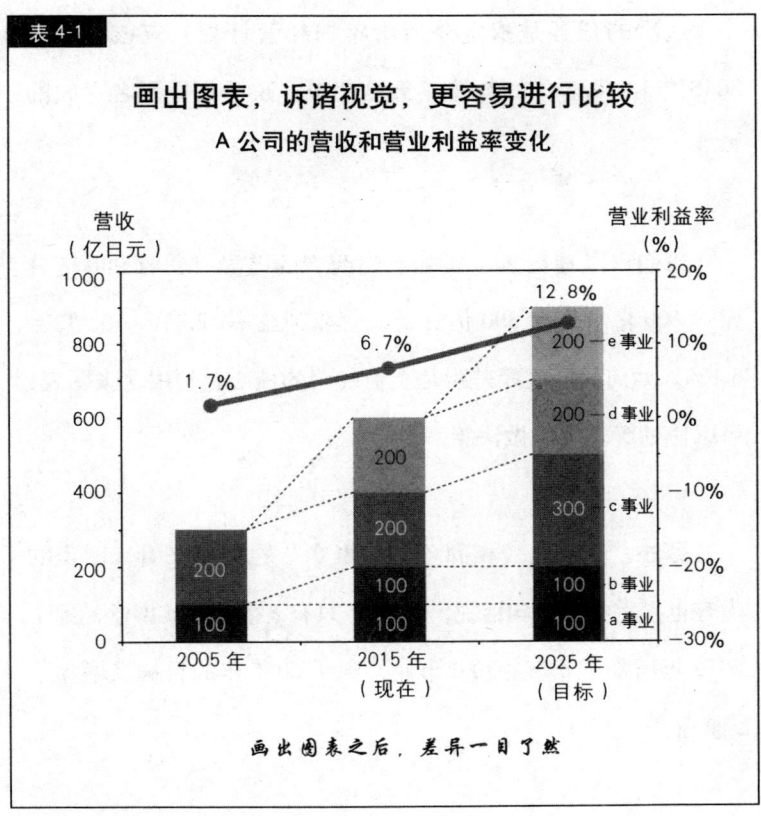

从图表中可以看到，十年前 A 公司营收 300 亿日元、营业利益率 1.7%，在这十年内，已经大幅成长到营收 600 亿日元、营业利益率 6.7%。而且，十年后，以营收 900 亿日元、营业利益率 12.8% 为目标。

这次的任务是拟定今后十年的经营计划，应该着眼于2015年和2025年的数值。重点在于，正确掌握两者之间的差异。

我们可以在图表中实际看到两者的差异，营收900亿日元－600亿日元＝300亿日元，营业利益率12.8%－6.7%＝6.1%。如何填补这段差距是企业经营的核心，利用这张图表，可以协助管理阶层做决策。

另外，从"比较相同单位的事实"的观点来看，图表的内容也很重要。换句话说，2005年只有a事业和c事业，到了2015年增加了b事业和d事业，到了2025年的目标又增加了e事业。

比较之后，如果想要传达的主张是，填补差距必须重新建构各个事业，就得进一步分解整体营收，再比较每个事业。换句话说，比较的对象必须是相同单位的事实，例如比较现在的a事业和十年后的a事业画出图表之后，一眼就能够掌握大致上的差异，这是制作图表最大的好处。

第 23 节
就算整体看起来持续成长,也要探究个别情况

在前一节,利用表 4-1,我们已经掌握大致上的整体差异,接着,再详细比较具体的数字。

这次以公司的获利模式为主轴来思考,请看表 4-2。

2005 年的获利模式为营收 300 亿日元、营业利益 5 亿日元、营业利益率 1.7%;到了 2015 年,已经扩大到营收 600 亿日元、营业利益 40 亿日元、营业利益率 6.7%,营业利益成长了 8 倍。至于 2025 年,目标设定为营收 900 亿日元、营业利益 115 亿日元、营业利益率 12.8%。

要注意的是，光比较公司营收和获利的变化，整体确实是持续成长，但是，进一步探究每一个事业的情况，就会发现变化各有不同。

详细来看看有什么不同。

通过图表，比较公司的获利模式和各个事业

请看表 4-2，"公司的获利模式"底下列出事业 a–e 的营收和营业利益。

先比较 a 事业，观察差异。a 事业在 2005 年营收 100 亿日元、营业利益 15 亿日元；到了 2015 年，营收依然是 100 亿日元，营业利益增加到 25 亿日元。比较事实之后，我们可以从差异可以想到以下两点：

- a 事业已经成功增加获利；
- 2025 年的目标是维持现状，营收 100 亿日元、营业利益 25 亿日元。

表 4-2

将企业整体与整体比较，各事业与各事业比较
A 公司的获利模式与各个事业的数值变化

统一单位之后再比较

	2005年（过去）	2015年（现在）	2025年（目标）
公司的获利模式	营收：300亿日元 营业利益：5亿日元 营业利益率：1.7%	营收：600亿日元 营业利益：40亿日元 营业利益率：6.7%	营收：900亿日元 营业利益：115亿日元 营业利益率：12.8%
a 事业	营收：100亿日元 营业利益：15亿日元	营收：100亿日元 营业利益：25亿日元	营收：100亿日元 营业利益：25亿日元
b 事业	营收：不存在 营业利益：不存在	营收：100亿日元 营业利益：15亿日元	营收：100亿日元 营业利益：25亿日元
c 事业	营收：200亿日元 营业利益：-10亿日元	营收：200亿日元 营业利益：10亿日元	营收：300亿日元 营业利益：45亿日元
d 事业	营收：不存在 营业利益：不存在	营收：200亿日元 营业利益：-10亿日元	营收：200亿日元 营业利益：10亿日元
e 事业	营收：不存在 营业利益：不存在	营收：不存在 营业利益：不存在	营收：200亿日元 营业利益：10亿日元

再来看看 b 事业。2005 年时还没有 b 事业，到了 2015 年，营收 100 亿日元、营业利益 15 亿日元。观察这个差异，我们可以想到：

- 新成立的 b 事业已经上了轨道
- 2025 年的目标是营收维持 100 亿日元，营业利益增加到 25 亿日元

c 事业在 2005 年营收高达 200 亿日元，营业利益却是负 10 亿日元，呈现亏损状态。到了 2015 年，已经由亏转盈，营业利益达到 10 亿日元。观察这个差异，我们可以想到：

- c 事业已经成功由亏转盈
- 今后可望持续成长，在 2025 年之前采取攻势，努力扩张到营收 300 亿日元、营业利益 45 亿日元

d 事业虽然是新创事业，2015 年营收高达 200 亿日元，营业利益为负 10 亿日元，考虑新创事业步入轨道的过程，可以和将来的目标相比，掌握差异：

- 今后十年以由亏转盈为目标，营收维持200亿日元，营业利益改善到10亿日元

最后来看看e事业，这是接下来要开始的新事业，到2025年应该增加营收，先定下营收和营业利益目标即可。

看了图表，会更容易进行比较，看出差异。**把大的事实详细分解，比较相同单位的事实，一定能看出差异，导出主张，从各种角度思考下一步要采取什么行动。**

每一个步骤都很单纯，却是非常有力的思考方式。

第 24 节
将事实并列比较,就能看出差异

我在第一章的表 1-3 说明了整理、分解、比较的结构,接下来,我想验证,我们可以套用这个结构来"比较"什么。

请看表 4-3,比较 A 公司 2015 年现在的营收和获利状况,以及 2025 年的目标。每一个方块都是经过整理、分解的事实,把相同单位的事实排在一起,我们就可以来进行比较。

从图表上我们可以看到,事实已经正确整理、分解。把图表从中一分为二,左边是公司 2015 年整体的获利模式的大事实,相当于下面 a–d 各个事业的小事实相加。数字和内容都经过正确整理,分解时也没有遗漏、没有重复,所以这样的关系才会成立。

右边 2025 年的营收获利模式也一样。

掌握公司的现状和十年后的目标

再回到主题。比较有两个阶段，第一阶段是在公司整体的获利模式层面比较，也就是比较图表左上方和右上方两个方块的获利模式。

具体来说，2015 年到 2025 年这十年的目标是让营收从 600 亿日元增加到 1.5 倍的 900 亿日元，让营业利益率从 6.7% 增加到大约 2 倍的 12.8%。

重点在于，我们要如何解释这个差异。经营管理阶层必须思考如何填补不足，以什么方式达到十年后的目标，这是一家公司经营策略、计划操作的部分。为了达成经营目标，设定事业策略和行动计划，必须思考具体的方案。

第二阶段是在事业层面比较，比较图表中间两排的方框。

这也非常清楚明了。比较 a 事业，2015 年到 2025 年这十年之间看不到变化，也就是说，主要的主张为"维持现状"。

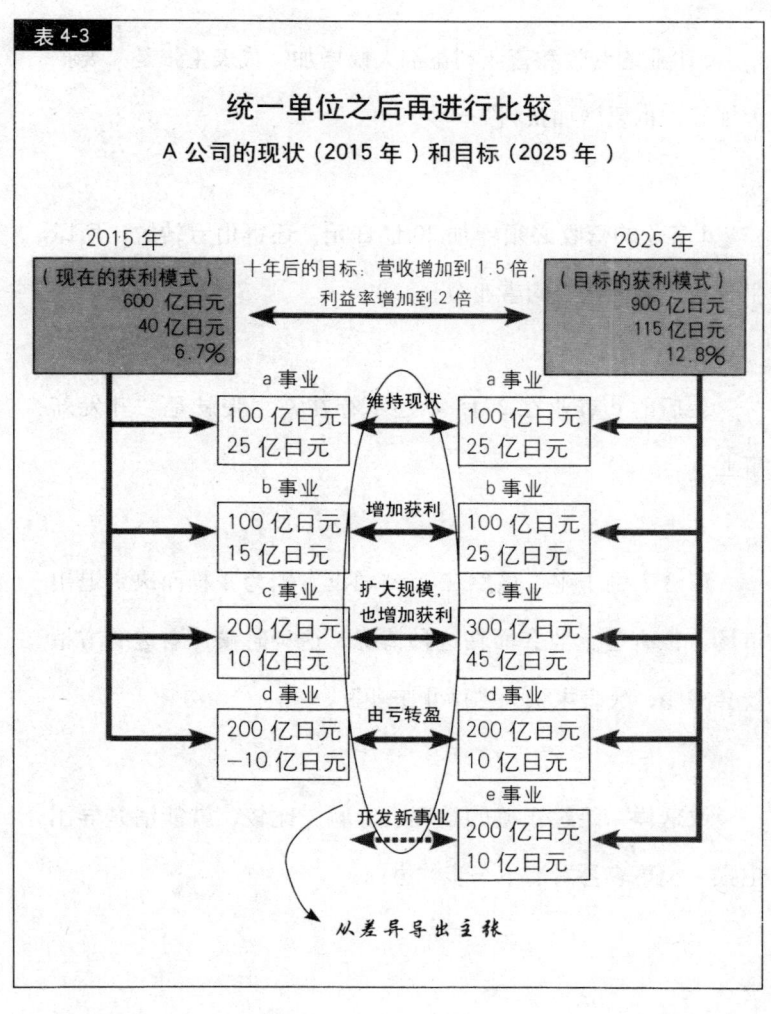

同样地,比较 b 事业,必须增加 10 亿日元的营业利益,也就是说,我们的主张是"要增加获利"。

c 事业的营收和营业利益都大幅增加，代表主张是"要扩大规模，也要增加获利"。

d 事业的营收必须增加 20 亿日元，还得由亏转盈，所以主张是"成为赚钱的事业"。

最后的 e 事业在 2015 年还不存在，主张就是"开发新事业"。

在这个例子中，虽然在 A 公司没有因为亏损而决定退出市场，但有些企业会面临这种情况，这种时候，右边的方框就会减少，代表主张为"中止事业"。

像这样，经过正确的整理、分解、比较，就能清楚导出主张，也更容易看清下一步的方向。

第 25 节
经过比较，就能以一句话清楚表达主张

比较有很多好处，商业活动最重要的是要清楚看出"接下来要采取什么行动"。比较事实，就能立刻看出自己要采取的行动，这是很有利的。

把这种想法套用在 A 公司的案例。

一开始的问题是，如何让 A 公司达到十年后的成长目标。

刚才我们已经从各种角度整理、分解、比较事实，最后得到的结论就是我们要采取的行动。

以 A 公司的例子来说，关键在于，如何经营新创事业，也就是 e 事业。e 事业的成败，将决定公司十年后能否达成事业目标。

我是如何得出这个主张，以下就来说明我的推论。

看出未来的计划和问题

十年后的 2025 年，A 公司要达到目标营收 900 亿日元、营业利益率 12.8%，相当于让现在的营收增加到 1.5 倍，营业利益率增加到大约 2 倍，两者都必须比现在更高。

经过比较，我们知道，为了达成目标，每个事业各有各的问题需要克服：

- a 事业→维持现状；
- b 事业→营业利益率从 15% 提高到 25%；
- c 事业→今后将成为主力，营收必须提高到 1.5 倍，营业利益率从 5% 提高到 15%；

表 4-4

正确的比较，就能以一句话清楚表达主张
A 公司未来的计划和问题 = 长期经营计划

10 年后的 2025 年，要达到目标营收 900 亿日元、营业利益率 12.8%
- 营收从 600 亿日元增加到 1.5 倍的 900 亿日元
- 营业利益率从 6.7% 增加到 2 倍的 12.8%

} 目标

为了达成目标，每个事业各有各的问题需要克服
① b 事业的营业利益率必须提高 10%
② c 事业是主力，营收必须提高到 1.5 倍，营业利益率也得提高 10%
③ 持续亏损的 d 事业必须由亏转盈
④ 打造营收 200 的亿日元的 e 事业，同时开始获利

} 每个事业的问题

事业的成败，将决定公司能否达成长期目标
- 如何打造营收 200 亿日元、营业利益率将近 10% 的新事业

} 最重要的主张

- d 事业→由亏转盈；
- e 事业→打造营收 200 亿日元的新事业，同时由亏转盈。

门槛最高的明显是从零开始的 e 事业，所以，要达成目标，必须采取的行动就是全力投入 e 事业。

比较之后，我们得出主张："e事业的成败，将决定十年后公司能否达成目标。"你现在要做的，就是清楚地传达这个主张，然后在下一个阶段开始讨论e事业的具体内容和商业模式。

这个简单的例子说明了，经过比较，自然就能看出你要传达的主张。

专栏：从法则、案例和结果，比较公司的现在和未来

在工作中，养成整理、分解、比较事实的习惯，以往混沌不清的思绪得到清楚的整理，自然也能看出接下来要采取的行动。

请大家看表4-5，比较A公司至今的状况和今后的目标。

比较A公司的十年策略

先整理A公司在2005年到2015年的十年间执行了什么策略。

A公司在既有的a事业和c事业之外，新成立了b事业和d事业，这些策略就是"案例"。

这些策略的成果，让营收从300亿日元增加到600亿日元，营业利益从5亿日元增加到8倍的40亿日元。当中既有的a事业和c事业营收总计为300亿日元，营业利益从5亿日元增加到35亿日元；另一方面，新创的b事业和d事业营

收总计达到300亿日元，但是营业利益停留在5亿日元。这些成果就是"结果"。

再来想一想，我们可以从这些事实中导出什么"法则"。

从A公司的策略（案例）和成果（结果）看来，A公司在过去十年间改善事业的效率，也就是成功削减成本，提高获利；此外，新事业要开始赚钱还需要时间，这是接下来的任务。这是A公司面临的事业环境的经营法则。

整体组成了A公司的"案例""结果""法则"。

同样的结构也能套用在今后十年的经营计划。

从2015年到2025年的十年经营计划，包括：既有的c事业可望大幅成长，另外再成立e事业。这些策略就是"案例"。

目标营收从600亿日元增加到900亿日元，营业利益从40亿日元增加到115亿日元。当中c事业营收从200亿日元增加到300亿日元，营业利益从10亿日元增加到45亿日元；

新创的 e 事业营收达到 200 亿日元，营业利益 10 亿日元。当然，现在还不知道能做到什么程度，但目标也算是一种"结果"。

从"案例"和"结果"可以得到以下的结论：

- 必须同时考虑其他事业，才能让公司达到成长的目标；
- 新事业必须打败竞争对手，取得市场占有率；
- 将处于劣势的竞争对手的事业纳入旗下。

从经营的角度，也要考虑"并购其他公司，让事业扩大、成长"的选项，这些是经营法则。

比较这些"案例""结果""法则"，我们可以得到结论：A 公司以往致力于删减成本，获得成功；今后除了持续删减成本之外，也得采取积极的策略，加强在市场上的定位。

像这样，套用"案例""结果""法则"，整合并验证"至今"和"今后"的发展，小至安排工作计划，大至拟定长期计划，在任何情况下，都能运用相同的思考方式，找到达成目标的方法。

表 4-5

比较 A 公司的现况和 10 年后的未来
A 公司的 10 年策略

	以往	今后
策略	A 公司在 2005 年到 2015 年的成长策略 • 在既有的 a 事业和 c 事业之外，新成立了 b 事业和 d 事业	A 公司 2015 年到 2025 年的成长策略 • 加强既有的 c 事业，另外成立 e 事业
成果	营收从 300 亿日元增加到 600 亿日元 营业利益从 5 亿日元增为八倍多的 40 亿日元 • 现有的事业营收总计维持 300 亿日元，营业利益从 5 亿日元增为 35 亿日元 • 新创事业营收总计达到 300 亿日元，但是营业利益停留在 5 亿日元	营收从 600 亿日元增加到 900 亿日元 营业利益从 40 亿日元增加到 115 亿日元 • 既有的 c 事业营收从 200 亿日元增加到 300 亿日元，营业利益从 10 亿日元增加到 45 亿日元 • 新创的 e 事业营收达到 200 亿日元，营业利益 10 亿日元
经营法则	改善事业的效率，提高获利 • 成功削减现有事业的成本 • 让新事业开始赚钱是接下来的任务	也考虑其他事业，让公司成长 • 现有的 c 事业必须取得市占率 • 新创的 e 事业一开始就要获利

第五章
利用三步骤思考术推动工作、解决问题

第 26 节
创造工作成果,第一步最重要

前面已经向大家说明,事实是所有工作的基础,也介绍了如何处理事实,以及正确传达事实需要的三步骤思考术——"整理""分解""比较"。

这一章,我要介绍七种诀窍,进一步帮助大家实践这套简单的思考术。

不管做什么工作,从开始到结束都需要一定的时间,我就按照时间顺序,说明时间的经过和成果。

表示时间和工作成果的三种曲线

工作上,要创造成果,会经过什么样的过程?

表 5-1 就以三种曲线来呈现这个过程。这些曲线分别称为"爬坡型""S 型""追赶型"。**理想的模式是"爬坡型"。**

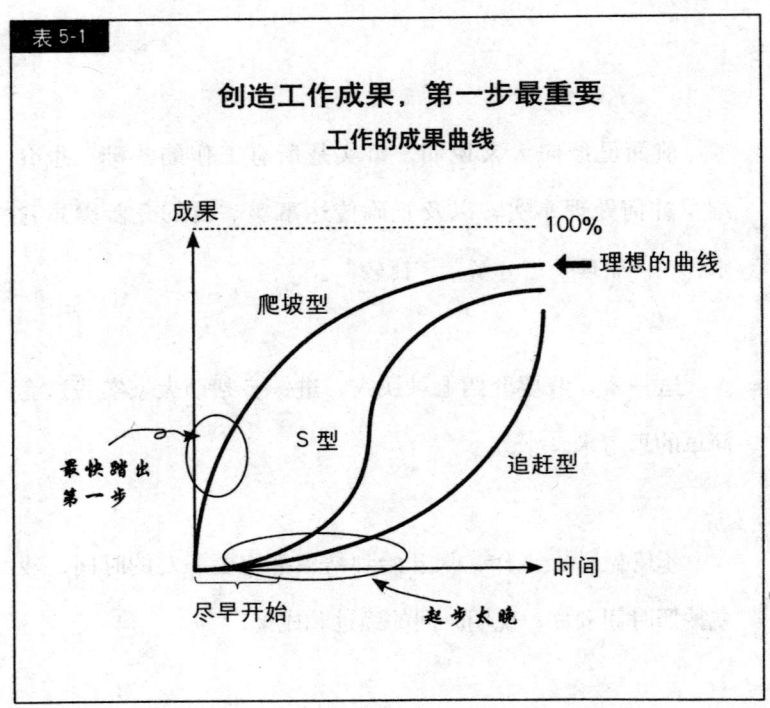

但很可惜，实际上很多人都是"追赶型"。这类型的人工作难以看到成果，评价也不高。理由之一是，对方很难看到你的工作成果。工作一开始进度缓慢，也不懂得适时向主管、前辈、顾客等相关人士报告，别人无法清楚知道你从开始工作之后，截至目前为止有什么新发现和新进展，所以只好猜测："迟迟不来报告进度，是不是还没开始着手处理？既然还没开始，当然也不会有成果。"

第二多的类型是"S型"，虽然没有"追赶型"那么糟，但是一开始的工作方法还是不够灵活，中间看似突然有点成果，但后来又减缓速度，成果的变化也越来越少。

相较于前两种类型，"爬坡型"则是从一开始就想着最后的目标，立刻着手进行，很快到就达到接近结论的程度。

要实践本书介绍的思考术，请习惯"爬坡型"的方法。

达成"爬坡型"曲线，越早开始越好

要养成"爬坡型"的习惯，必须从目标开始思考。

然而，许多人总是想着要先搜集数据和资料、先进行分析、先制作资料，而忽略了深入思考。

其实，在开始搜集数据和资料之前，就可以先深入思考，以前处理过同类型的案子，或是在商业杂志和报纸看过相关信息，可以把之前的经验和看过的信息当成踏板，换句话说。**以现在的知识、经验法则、一般常识为基础，写下这些事实，进行整理、分解、比较，开始思考。**

无论如何，思考都是最重要的。即使只有你自己的一些想法和公开的信息，尽快开始思考仍是关键。

第 27 节
把每个"事实"写在笔记卡片上

根据自己的知识、经验法则和公开的信息,尽快开始思考,这时要采取的行动就是"写下来"。

把眼前必须解决的问题、心里的想法、已经掌握的信息,按照"案例""结果""法则"的观点全部挖掘出来,一一写在笔记卡片上。请看表 5-2。

"案例""结果""法则"的笔记卡片

把 A4 纸剪成 8 到 16 张小卡片,或是直接使用名片大小的小卡片或单字卡都可以。写好的卡片要在桌上摊开来,所以也需要够大的桌子或平台。

重点在于,在这个阶段还不要使用计算机或手机这些数位装置,必须"手写"在卡片上。

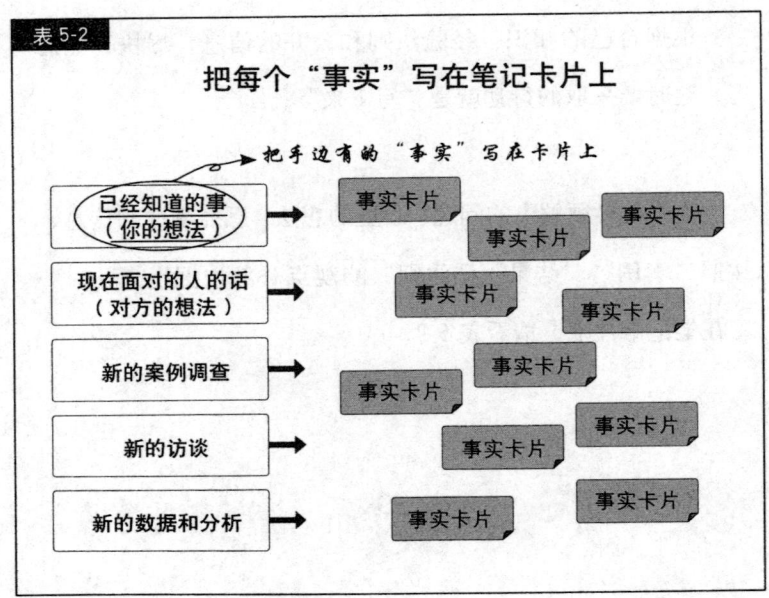

之后进行整理、分解、比较的时候，将卡片摊开来，俯瞰整体，可以让自己思考、理解得更深入。手写也是因为通过书写的动作，可以加深思考和理解，也能重复确认书写的内容和意思。

卡片上的内容，包括你想到的商业法则、业界规则、类似案例、访谈内容、问卷结果、以前的数据，加上在报纸、网络看到的竞争对手的动向和市场需求等信息。把你知道的都写下来，卡片张数其实会比你想的多很多。

关于"法则"，必须思考"针对这个问题，什么样的经营法则会成立"，写在卡片上，即使只是假说也无妨。

"案例"则是大家在报纸上看过的企业实例，也有很多企业彼此对立的案例，例如零售业的 7-11 和 AEON、电子商务的亚马逊和乐天。

"结果"是经营的成果，最好有数值。因为之后还要进行比较，所以最好写下相同单位的数值。

这些卡片就是事实的集合，因此写卡片时一定要留意，你写在卡片上的必须都是事实。

第 28 节
搜集事实之后,进行排列、整理、分解、比较

接下来,要整理、分解、比较这些事实卡片,请看表 5-3。

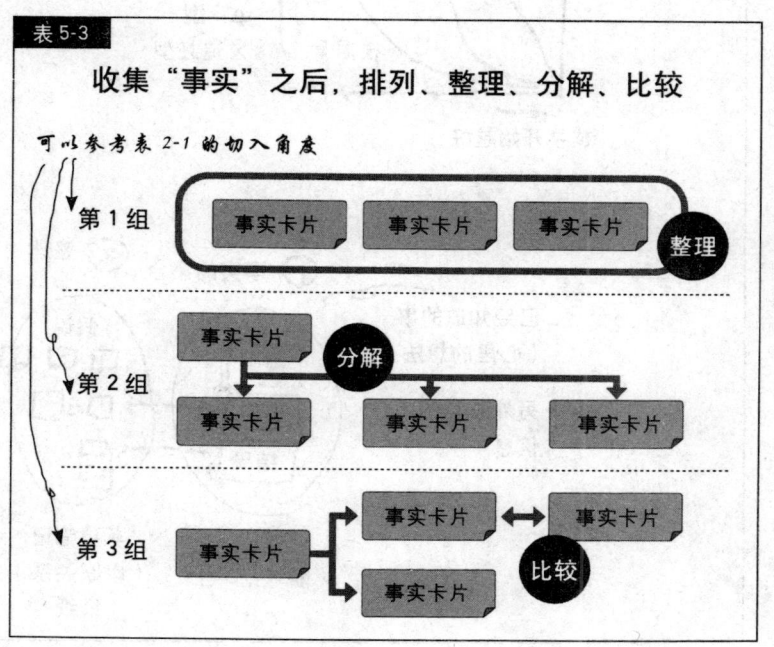

表 5-4

草稿的例子：我撰写的这一章的草稿

第五章　简单实践3步骤思考术

事实
（规则、案例、结果）　　思考、发言、行动

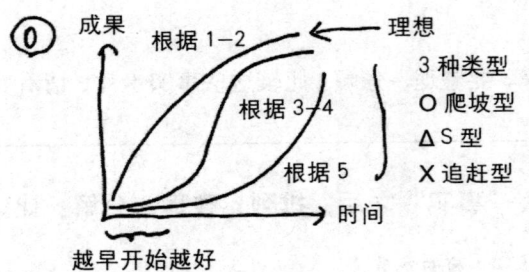

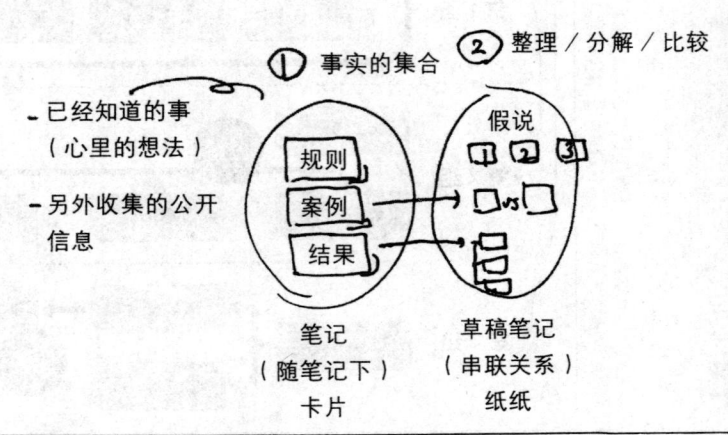

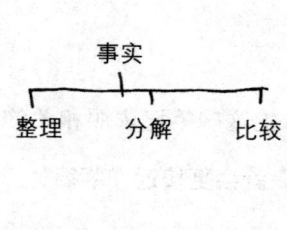

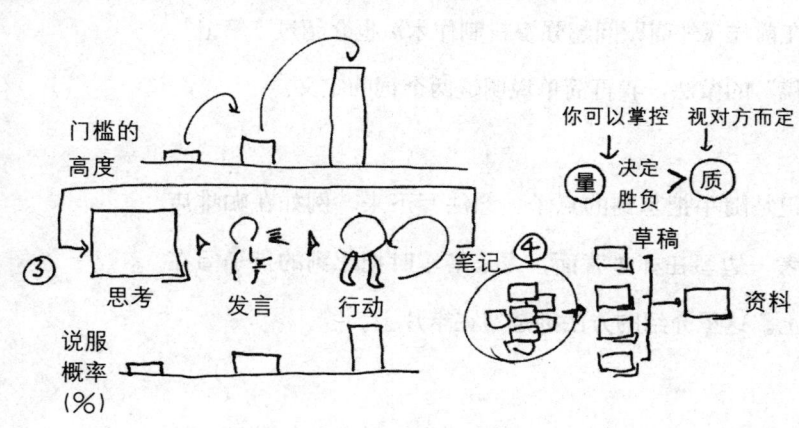

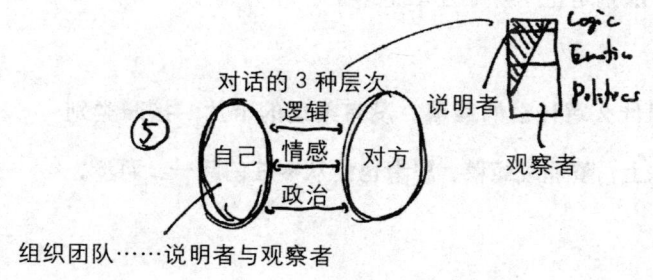

串联笔记，写成草稿

写着事实的卡片称为"笔记"，把这些笔记依照相关的项目贴在笔记本上，这时候，"笔记"就会更接近"草稿"。

我在前作《外商顾问超强资料制作术》也介绍过"笔记"和"草稿"的做法，我再简单说明这两个词的定义。

笔记是随手把想到的点子、想法写下来，例如在咖啡店一边思考一边写在杯垫背面，或是搭车时把想到的点子写在笔记本上。这里介绍的方法则是写在卡片上。

草稿是进一步整理笔记，接近制作资料之前的蓝图。这里介绍的方法则是把卡片贴在笔记本上。

把想到什么写什么的草稿、没有条理的卡片，按照类别排在笔记本上，整理成草稿，思考也会从零往前跨一、两步。

第 29 节
将思考转化为发言和行动，工作成果会更好

把自己的想法告诉其他人，也可以提升工作成果。

把"笔记"整理成"草稿"之后，也让别人看看草稿，试着说明内容，观察对方的反应，借此审视草稿是否过与不足。

任何工作内容都可以，可能是新产品的点子、设计、新事业的策划案；至于对象，也不限于主管和同事这些了解你工作的人，只要愿意积极提供意见，都是很好的讨论伙伴。一份草稿如果大家看了都能立刻理解，产生共鸣，代表草稿的说服力够强，也是能够创造工作成果的蓝图。

思考、发言、行动的门槛

光是思考，也无法说服对方，发挥影响力。唯有把想法说出口，也听取对方的意见，再采取行动，制作出样本或模型，勾勒出大致的模样，才能够提高说服力。

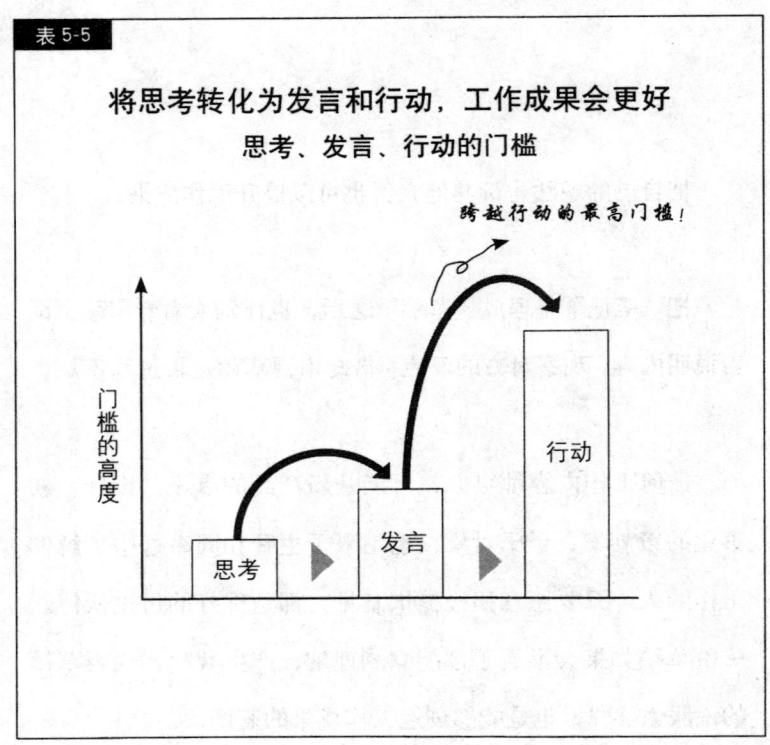

表 5-5

将思考转化为发言和行动，工作成果会更好
思考、发言、行动的门槛

表 5-5 说明工作上要跨越的心理门槛,"发言"高过"思考","行动"高过"发言"。不过,门槛越高,一旦跨越了,说服对方的概率也会越大。

所以说,光是思考,不如把想法说出口、以行动表示,会更容易得到对方的理解。

思考→发言→行动,就能创造成果

"太忙""资料不完整""准备还不充分""不想受到批评""不想失败"——拖延的理由多得不胜枚举。不过,都以笔记和草稿整理自己的想法了,却在要发言和行动之前犹豫不前,那真的很可惜。明明可以得到成果,为什么不采取行动?

不需要担心别人会因为你的发言和行动,而对你有不好的评价。周遭的人看到你努力朝着成果前进,反而会对你留下好印象。

换句话说，与其仅止于思考，不如发言；与其仅止于发言，不如行动，才能够提升工作成果。

第 30 节
思考的量比质更重要

实践思考的最后一步是"正式编辑",也就制作用来传达主张的正式资料。到这个阶段才会使用计算机制作资料,在此之前是手写在笔记本上。

从"笔记""草稿"进阶到"正式编辑"的注意事项

从"笔记"和"草稿笔记"进阶到"正式编辑"时,有些人误以为"质比量重要"。质比量重要,代表与其罗列出许多点子,不如锁定一个经过深思熟虑的想法,再向对方提出,会更有效。

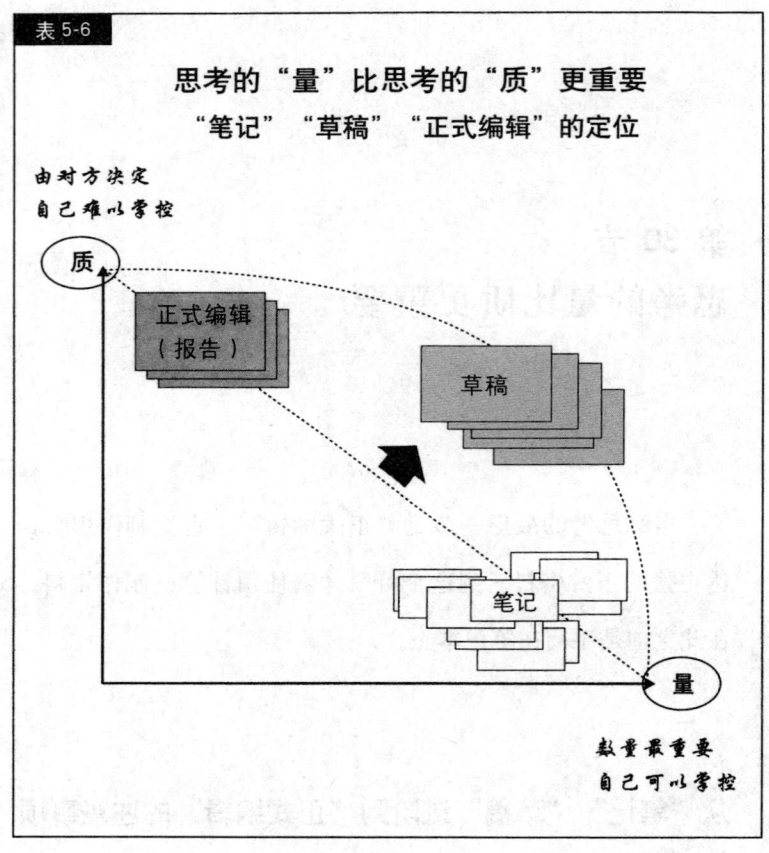

表 5-6 思考的"量"比思考的"质"更重要 "笔记""草稿""正式编辑"的定位

但这种想法其实并不适合商业活动，在商业上，"量比质重要"，最好还有很多种选择。

花很多时间精雕细琢一个策划案之后，才发现对方并不喜欢这样的内容，那么之前的努力就是白费力气。

多准备几个选项，让对方可以从中做选择，对方的满意度会更高，最后策划案被采用的概率也会比较大。

虽然最后要不要采用策划案是由对方决定，但是提案的数量是你自己可以掌控的。

至少准备三个选项，让双方都得到满意的结果

正式资料至少准备三个选项，再让对方从中选择最符合他需要的。

先准备好两、三个备用的提案。我们都希望对方立刻就接受第一个提案，不过，商业上往往没这么简单，如果对方反应不好，就可以再拿出备用的提案。

哪一个策划案最好，是由对方决定，所以，提出多样丰富的选项可以让双方都得到满意的结果。

也因为要多准备几个选项，尽早开始思考很重要。越早开始，就有越多的时间可以多想一些点子。

第 31 节
重复整理、分解、比较，工作质量也会大幅提升

经过前面的说明，相信大家应该都已经了解，通过整理、分解、比较，可以改善我们的工作成果。接下来，我将说明下一阶段该怎么做，才能够更进一步提升工作质量。

工作上要持续成长，提高工作质量，需要不断地"重复"。重复整理、分解、比较的循环，可以让自己的想法不断进化。

明明已经找到答案，为什么还需要不断重复？主要有两个理由：

• 理由①——商业上没有唯一的答案，重复可以提高精准度；

• 理由②——再一次回到原点，可以发现之前遗漏的论点。

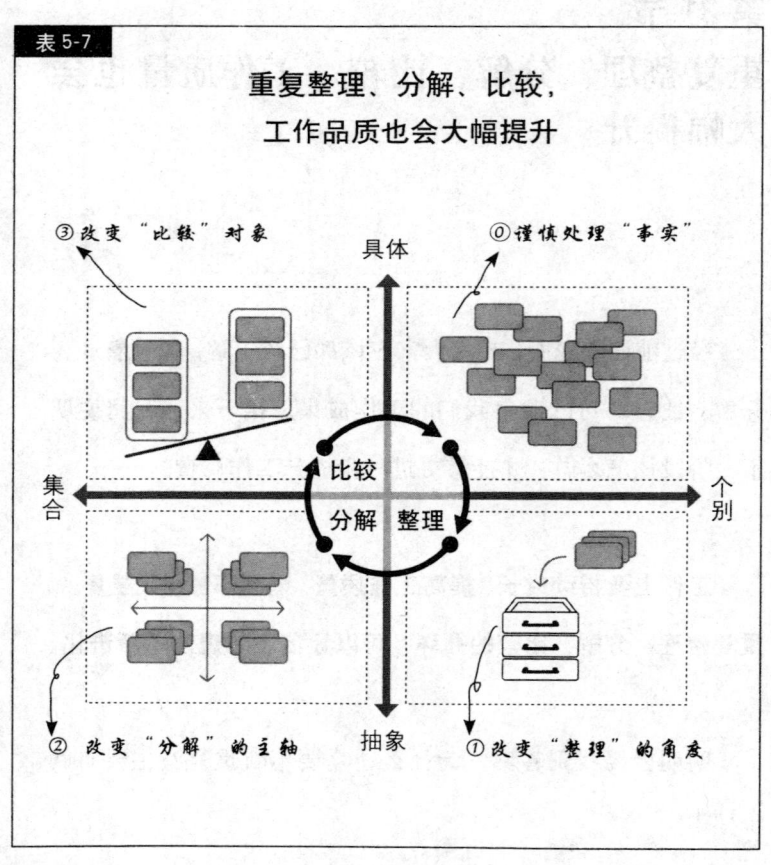

表5-7　重复整理、分解、比较，工作品质也会大幅提升

那么,从一开始大量的事实散落各处时,要如何整理、分解、比较,才能够提高工作的质量?

表 5-7 代表由四个步骤组成的思考的循环:"大量的事实散落各处的状态""整理""分解""比较"。基本流程是从右上"大量的事实散落各处的状态"开始,按照顺时针方向,先把事实"整理"在一起,再把这些事实"分解"为小单位,然后"比较"相同单位的事实。这样一来,要传达的主张也会更清楚。

如果经过一轮思考得到的答案和主张不符合对方的需求,就再重复同样的步骤,并且在每个阶段多注意下面几点。

最需要多注意的是"大量的事实散落各处的状态",因为上一次没留意到的事实可能就隐藏在这里。这时候,应该要回到原点,厘清、正确掌握"对方真正需要的事实是什么"。举例来说,不要忽略了项目初期讨论的内容、访谈听到的内容,重新细心地罗列出来。

第二轮之后的整理、分解、比较，应该思考具体的案例。假设是"提供产品给顾客"的案例，如果想得到比第一轮更好的答案，可以尝试以下的思考方式。

关于"整理"，和第一次不同的是"改变切入的角度"。举例来说，把产品和顾客分别按照"既有"和"新创"的观点整理，可以整理出"既有产品""新产品""既有顾客""新顾客"这四个事实。

关于"分解"，和第一次不同的是"改变分解的方法"。改变划分方式之后，处理事实的方式也会改变。举例来说，可以想到"把既有产品提供给既有顾客""把既有产品提供给新顾客""把新产品提供给既有顾客""把新产品提供给新顾客"这四种分法。

关于"比较"，和第一次不同的是"改变比较的对象"，针对重新分解之后的事实，思考每个部分的策略。

大家可以看到，在起始点，如何掌握散落在各处的大量事实，将会影响之后整理、分解、比较的做法。重复几次之后，可以导出更精准的答案。改变整理的切入角度和分解的方法，还能够发现新的论点。

第 32 节
解读逻辑背后的情感和政治

最后，我要介绍创造更好的工作成果的秘密武器。这其实也是在锻炼沟通能力，提案或任何商业活动都不是单向的。

对话的三个层次：逻辑、情感、政治

从开始思考，经过笔记、草稿、正式编辑的步骤，终于要向对方提出策划案。这时候，就需要靠"对话"来沟通。

提出策划案，并非自己单方面地强迫对方接受，必须根据和对方的对话，观察对方的反应和回答，彼此沟通协调，共同创造成果。这才是一个有能力解决问题的人的工作方式。

要做到这一点,我们必须学习对话的诀窍。

对话有三个层次:"逻辑"、"情感"和"政治"。

"逻辑"层次是大多数人想象的正式简报场合的对话。一份好的资料,代表论述有正确的根据,整理、分解、比较做得恰当,主张合理,对话也合乎逻辑。

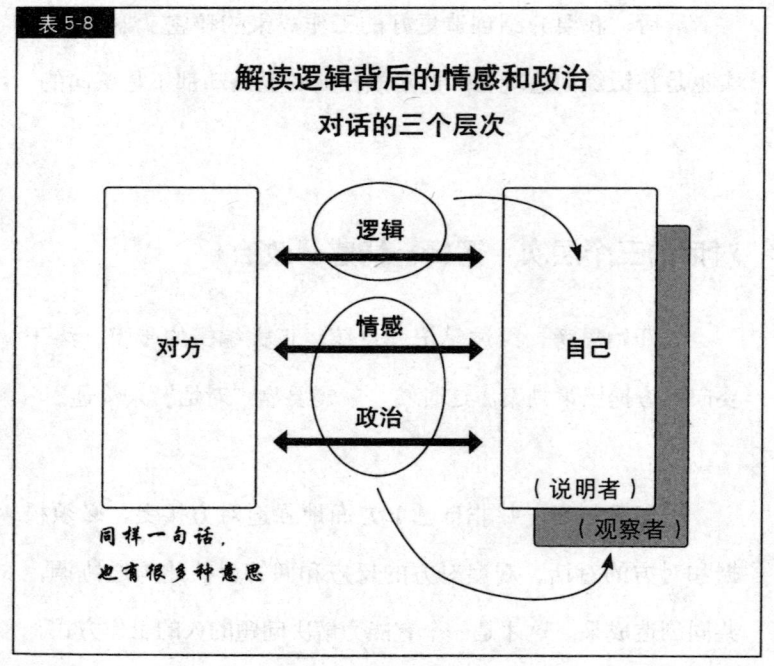

表 5-8 解读逻辑背后的情感和政治 对话的三个层次

"情感"层次则是牵涉到情感的对话。同样的策划案，也会因为说明的人不同，影响对方对策划案的评价。例如，"既然是○○提出来的，这份策划案一定很好""我基本上是认同的，但因为是△△提出来的，我需要再多考虑"，这些成见和情感都会影响判断。

"政治"层次代表受到组织政治左右的对话。举例来说，"即使知道这个事业亏损，但因为是创办人开始的事业，只能想办法维持下去""研发部门士气高昂，但是无法说服营销部长，案子也无法推行"，这些都是起因于组织问题的案例。

因此，对话不仅要注意内容是否合乎逻辑，还得理解对方的情感和组织政治，一边考虑影响的程度，一边进行对话。在商业活动上，如果没有想到这些层面，光靠策划案的内容，很难让对方点头说好。

组成团队，分别担任说明者和观察者

对话的时候，必须兼顾"说明自己的提案和意见"和"观察对方的反应"。更麻烦的是，对方通常会在情感和政治层面有很多想法，必须一边对话，一边试探对方真正的想法。得随时留意对话的三个层次，视情况调整对话。

如果自己一个人无法同时扮演"说明者"和"观察者"的角色，由两个人分担也很有效。企管顾问公司有时候会让职位低的人负责说明，职位高的人负责观察，几个人组成团队，一起进行对话。

当负责说明的人在做简报时，观察者不用看资料，只要专心观察对方的一举一动，不错过对方听到说明的任何反应，因为解决问题的"答案"可能不在资料里面。

对话的关键在于，不只要擅长表达，还得意识到对话的三个层次。

这一章介绍的七种诀窍，每一种都可以帮助读者在实践"整理""分解""比较"的三步骤思考术时更上一层楼。我按照时间顺序说明，主要是因为我想告诉大家，越早开始思考，就有越多的时间准备策划案。花越多时间准备，工作的精准度越高，成果也会越好。经过长时间的沉淀，构想也会更成熟。